青少年科普图书馆

"科学就在你身边"系列

40亿年的风雨历程
——动物进化

总 主 编　杨广军
副总主编　朱焯炜　章振华　张兴娟
　　　　　胡　俊　黄晓春　徐永存
本册主编　赵帅伟
副 主 编　雷丽丽

上海科学普及出版社

图书在版编目（CIP）数据

40亿年的风雨历程：动物进化/赵帅伟主编.—上海：
上海科学普及出版社，2011.1(2018.4 重印)
(科学就在你身边系列/杨广军主编)
ISBN 978-7-5427-4687-0

Ⅰ.①40… Ⅱ.①赵… Ⅲ.①动物—进化—普及读物 Ⅳ.①Q951-49

中国版本图书馆 CIP 数据核字(2010)第 216407 号

组　稿	胡名正　徐丽萍
责任编辑	李重民
统　筹	刘湘雯　张怡纳

"科学就在你身边"系列

40 亿年的风雨历程
——动物进化

总主编　杨广军
副总主编　朱焯炜　章振华　张兴娟
　　　　　胡　俊　黄晓春　徐永存
本册主编　赵帅伟
副主编　雷丽丽

上海科学普及出版社出版发行
（上海中山北路 832 号　邮政编码 200070）
http://www.pspsh.com

各地新华书店经销　北京一鑫印务有限责任公司印刷
开本 787×1092　1/16　印张 13　字数 200 000
2011 年 1 月第 1 版　2018 年 4 月第 3 次印刷

ISBN 978-7-5427-4687-0　　　定价：25.80 元

卷 首 语

  地球从形成至今已经历了 46 亿年的风风雨雨。这颗蓝色星球的与众不同，缘自于它孕育出的生命。在这 40 多亿年的漫长历程里，生命形式从诞生伊始一刻不停地在进行着演化——其中动物这一独特生命形式，就在那原始的海洋中逐渐形成，并开始了它的进化历程。
  在漫长的岁月里，从单细胞到多细胞，从水生到陆生，从弱小到强大，动物一点一滴地进行着演化，并最终进化出了我们人类。那么，你想知道人类和其他物种是如何成功进化的吗？你想了解更多的关于动物进化的知识吗？就让我们伴随着兴趣的勃发和探索的冲动，一起走进动物进化的世界吧！

目 录

DONGWU JINHUA

峥嵘的岁月——动物进化史

热泉——生命的摇篮 …………………………………………（3）
分道扬镳——动物与植物各成一家 …………………………（7）
漫漫进化之路——从单细胞到多细胞 ………………………（13）
动物界的空前繁荣——生物大爆发 …………………………（17）
动物界的半壁江山——昆虫 …………………………………（23）
进军陆地——两栖动物 ………………………………………（28）
王者归来——恐龙的胜利 ……………………………………（32）
兴衰更迭——恐龙帝国的没落 ………………………………（37）
新势力的崛起——哺乳类 ……………………………………（41）
征服天空——鸟类 ……………………………………………（45）
终极进化——人类的觉醒 ……………………………………（49）

偶然的巧合——动物进化路上的转折

麻雀虽小五脏俱全——鞭毛虫 ………………………………（55）

"科学就在你身边"系列　　　　　　　　　　　　·1·

SISHI YINIAN DE
FENGYU LICHENG

40亿年的风雨历程

简单但艰难的一步——细胞的分化 …………………………… (59)
一个原子的辉煌成就——Ca …………………………………… (63)
上帝的杰作——有性生殖 ……………………………………… (67)
脊索动物之父——鱼类 ………………………………………… (71)
温血优势——恒温动物 ………………………………………… (76)
动物社会的进步——交流与沟通 ……………………………… (79)

风云的变幻——各种器官的进化

从"感光胶片"到"单透镜相机"——眼睛的进化（上）…… (85)
从"感光胶片"到"单透镜相机"——眼睛的进化（下）…… (91)
从"无声无息"到"天籁之音"——听觉的进化 ……………… (94)
动物CPU——大脑的进化 ……………………………………… (98)
生化工厂——消化道的进化 …………………………………… (103)
千姿百态——皮肤的进化 ……………………………………… (106)
致命武器——牙齿的进化 ……………………………………… (111)
氧气泵——肺的进化 …………………………………………… (115)
繁衍后代——生殖系统的进化 ………………………………… (119)
动物之"动"——肢体的进化 ………………………………… (123)

自然的选择——万古不变的规律

大自然不相信眼泪——优胜劣汰，适者生存 ………………… (129)
自然选择的终极体现——生物大灭绝 ………………………… (133)
弱肉强食——食物链 …………………………………………… (137)
优胜劣汰的催化剂——竞争 …………………………………… (141)
"武器装备"的军备竞赛——捕食 …………………………… (144)

目 录

没有最快，只有更快——极限速度 …………………………（147）
生存的关键——体型 ………………………………………（151）
最有效的防御——千奇百怪的伪装 ………………………（156）
隐患——特化器官 …………………………………………（159）
亵渎自然法则——人工选择 ………………………………（163）
任何生物终究逃不脱自然的选择——人类将何去何从 ……（167）

进化的钥匙——谈谈基因

基因突变——进化之泉源 …………………………………（173）
进化催化剂——基因重组 …………………………………（178）
财富——基因库 ……………………………………………（182）
动物界禁忌——近交繁殖 …………………………………（187）
生命进化之树上的谬误——C、N 值悖理 …………………（191）
群体遗传效应——进化基础 ………………………………（195）

峥嵘的岁月

——动物进化史

　　生命是一部完美的机器，动物更是有着精密的生理结构和复杂的行为特征。作为自然界的精灵，动物们从一开始就有着不平凡的经历，它们的进化历程更是坎坷而又充满激情，它们的种类随着时间的推移逐渐繁多，时至今日，展现在我们眼前的则是一片生机勃勃的、充满活力的、五彩缤纷的动物世界。

　　然而，在历史进程中逝去的动物远比今天我们看到的动物要多得多，那些动物虽然灭绝了，但在进化史上具有重要的意义。现在就让我们先来了解一下动物们的光辉进化史吧。

峥嵘的岁月——动物进化史

DONGWU
JINHUA

热泉——生命的摇篮

生命,是一部精密的机器,我们折服于它的完美。生命起源,是一个亘古未解之谜,人类一直没有间断对它的探索。古今中外,对生命起源有多种说法,例如:盘古开天地,女娲造人的传说;老子《道德经》中"道生一,一生二,二生三,三生万物";《圣经》中上帝在七天内创造万物等。虽然到现在还有人相信这些说法,但科学是要求证据的。

◆40亿年前的地球上闪电频繁,环境恶劣

动物进化

生命诞生的时间

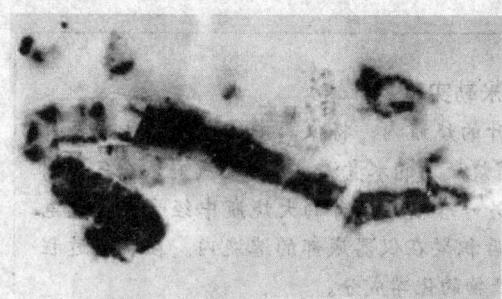

◆35亿年前的微体化石

首先我们要知道,地球演化史上的事件都会被记录在岩石当中,所以研究生命进化和起源必须从岩石中寻找证据。而到现在为止,我们发现的最古老的化石是在澳大利亚西北部匹尔巴拉地区,在那里发现了一些时代很古老的微体化石,距今大约35亿年。它的

SISHI YINIAN DE
FENGYU LICHENG

40亿年的风雨历程

发现证明了在距今35亿年前，地球大气中就已经有了氧气。另外，在已知地球上最古老的沉积岩——格陵兰西南部伊苏瓦（Isuwa）地区的沉积岩中发现了距今38.5亿年的碳，并证明这些碳是生物体留下的有机碳。而46亿年前到40亿年前这段时期是地球形成的时期，所以，生命起源的时间目前被认定为是40亿到38亿年前的这段时间。

实验——探索生命起源

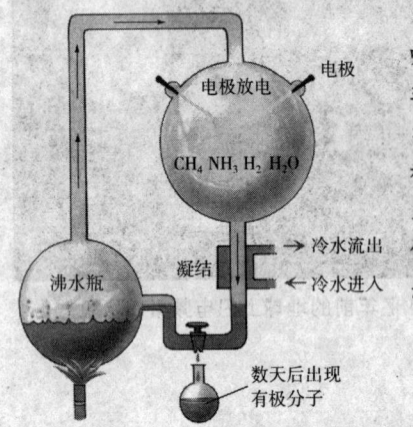

◆米勒设计的火花放电装置示意图

在遥远的过去生命是如何演化出来的呢？在1952年，美国芝加哥大学研究生米勒进行了模拟原始大气中电闪雷鸣的实验，实验结果令人惊喜，他从无机物中得到了20种有机化合物。这个实验结果让我们看到了生命起源的一线曙光，因为他使用的反应条件正好和40亿年前地球上的环境相似，即热水，还原性气体，电闪雷鸣。

米勒实验

将水注入图左下方的500毫升的烧瓶内；将仪器中的空气抽去，泵入CH_4、NH_3和H_2的混合气体；将烧瓶内的水煮沸，使水蒸气与混合气体同在密闭的玻璃管道中循环，并在另一容量为5升的大烧瓶中经受火花放电一周，最后生成的有机物经冷却后积聚在仪器底部的溶液内。在实验过程中，可打开活塞，取样分析中间产物的化学成分。

峥嵘的岁月——动物进化史

DONGWU JINHUA

生命诞生的证据

关于生命诞生，达尔文在《进化论》中是这样描述的：生命是在一个温暖的小池塘里慢慢孕育起来的。也就是说，生命不是像神创论说的那样由神创造的，生命是在地球早期由无机物慢慢演化而来的。科学家们一直不懈地寻找着这方面的证据。1967年，美国科学家布洛克在黄石公

◆热泉

园将近100℃的热泉中，发现了大量的嗜热微生物；1977年，一名叫克里斯的科学家在太平洋底的热泉中也发现了大量的嗜热微生物，而且那里热泉的温度超过200℃。

研究表明，生物分子的合成是需要一定的条件的，且较高的温度更有利于原始的有机小分子脱水缩合成为有机大分子。而在极端高温下发现生物的存在，有力地支持了达尔文的生物温水中起源的学说。

生命诞生必经阶段

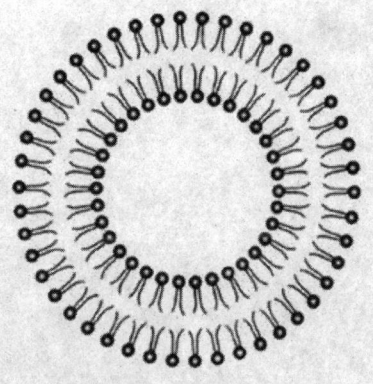

◆脂双分子膜

生命不可能一次性就进化成功。在漫长的进化过程中，它要经历三个阶段：①从无机物到有机小分子；②从有机小分子到有机大分子；③生物大分子演化成原始的单细胞生命。前两步我们已经找到了证据。生命产生的关键是第三步，即细胞的出现。现在最流行的假说是，在有大量的有机大分子出现时，一些脂质分子就会自发地形成双层脂分子膜，形成一个与外界隔离的空腔，这就是细胞的雏形，然后一

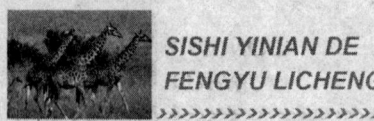
40亿年的风雨历程

些生物大分子被包裹进去，并相互作用，形成一个类似现在细胞的大分子集合，经过"自然选择"，拥有核酸这种大分子的"细胞"因为能够自我复制而被保留了下来。

拓展思考

1. 地球形成之初的几亿年里，是一个什么样子？
2. 脂分子为什么能自发地在水中聚集，然后形成双层膜？
3. 200度的温度对我们肯定会造成烧伤，为什么对一些原始生命没有伤害？

动物进化

峥嵘的岁月——动物进化史

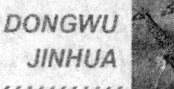

分道扬镳
——动物与植物各成一家

生命的最初形式就像现在的细菌，结构、功能极其简单。现代细菌有的靠寄生生存，有的靠分解有机物生存，还有的能够制造有机物，即自养型细菌。自养细菌中包括光合细菌和化学能合成细菌。细菌种类非常繁多，然而在最初的海洋中，原始的生命没有进化出叶绿素，也不能利用化学能合成有机物，所以只能靠分解原始海洋天然

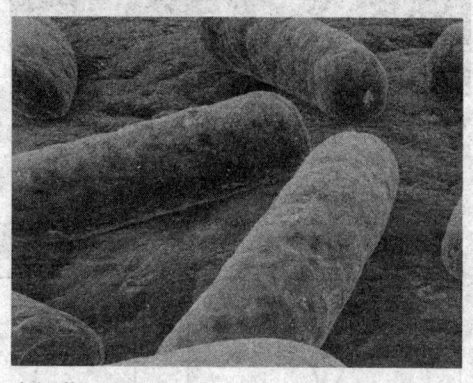
◆细菌

形成的有机物生存。但由于原始海洋积累的有机物非常有限，有机物一旦耗尽，生命就会消失。而我们知道，生命坚强地延续下来了。那么，生命是如何度过难关，进而进化成现在千姿百态的生物界的呢？

生物界的划分

　　了解动物起源，我们得先了解一下生物分类和界的划分，这样才能了解动物的进化过程。几百年来，人们对生物的分类工作一直没有停止过。林奈曾提出两界系统——动物界和植物界，这个系统流行了200年。随着微生物的发现和生命科学的发展，两界系统越来越不能解决现有的问题，所以人们又提出了三界、四界、五界等系统。但无论把生物分成多少界，其目的都是为了更好地认识生命。这里我们以五界系统为例阐述生物的进化，五界系统将生物分为原核生物、原生生物界、真菌界、植物界和动物界。而地球上最早出现的就是原核生物，原核生物是由最初的脂分子膜包被着核酸和一些大

40亿年的风雨历程
SISHI YINIAN DE FENGYU LICHENG

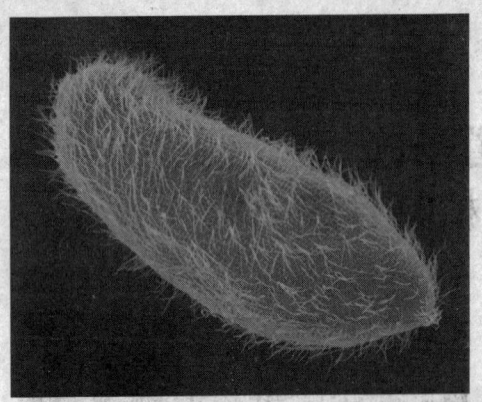

◆草履虫（单细胞动物）

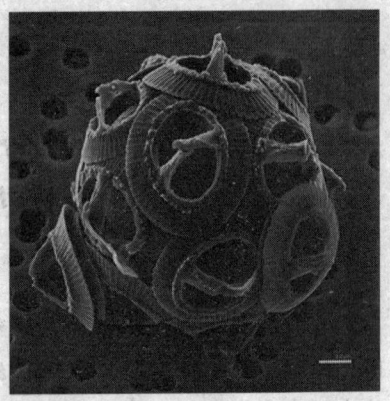

◆圆石藻（单细胞植物）

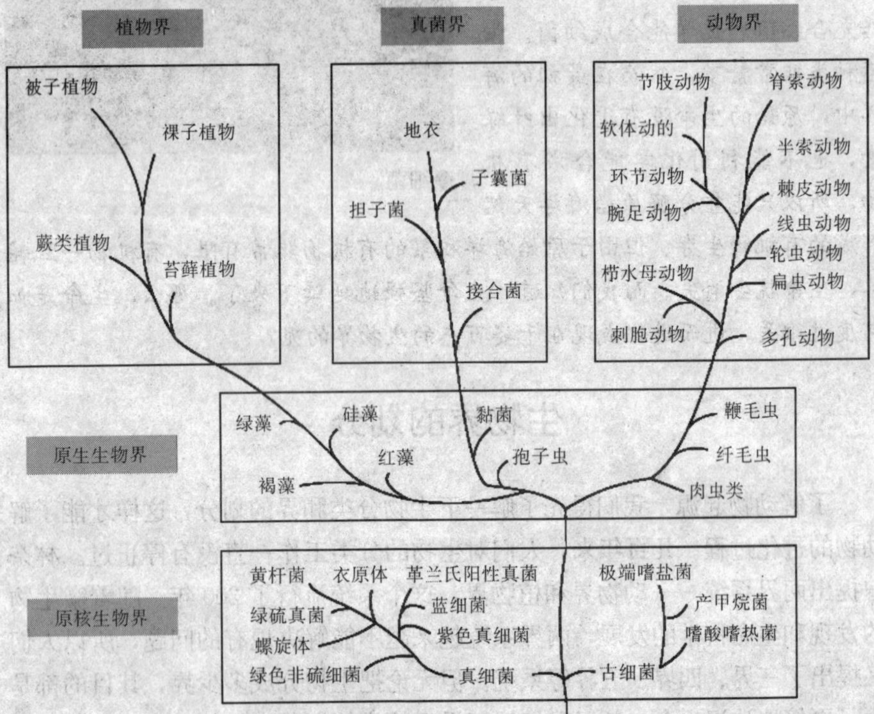

动物进化

植物界：被子植物、裸子植物、蕨类植物、苔藓植物

真菌界：地衣、子囊菌、担子菌、接合菌

动物界：节肢动物、脊索动物、软体动物、半索动物、环节动物、棘皮动物、腕足动物、线虫动物、轮虫动物、栉水母动物、扁虫动物、刺胞动物、多孔动物

原生生物界：绿藻、硅藻、黏菌、鞭毛虫、纤毛虫、褐藻、红藻、孢子虫、肉虫类

原核生物界：黄杆菌、衣原体、革兰氏阳性真菌、极端嗜盐菌、绿硫真菌、蓝细菌、产甲烷菌、螺旋体、紫色真细菌、嗜酸嗜热菌、绿色非硫细菌、真细菌、古细菌

◆生物五界系统图解

峥嵘的岁月——动物进化史

DONGWU JINHUA

分子的有机集合体进化而来的。这些最初的生命靠原始海洋中的天然有机物生存，但由于这些天然有机物非常有限，一旦缺乏养料，这些原核生命就会死去。然而由于原核生物具有很大的变异潜能，它们能够并且确实进化出了通过光合作用或化学作用合成有机物的能力，于是原始的原核生物开始分化，分化成为真细菌和古细菌。真细菌中有一部分由于具备了叶绿素，能制造有机物和产生氧气，这就构成了原始的生态系统。

你知道吗？

病毒也是一种生命形式，但病毒没有细胞结构，只有一条核酸和一个蛋白质外壳，有的连外壳都没有，甚至于仅仅是一个具有感染性的蛋白质，如阮病毒。因为病毒是非细胞形态的生物，所以没被纳入五界系统中来。并且在进化过程中，病毒是一个独立进化的单位，在进化的过程中，跟其它生物很少进行交流。由于病毒很小，发现得晚，至今对病毒的进化起源还停留在假说阶段。

动物植物共同祖先古细菌

古细菌是一类很特殊的原生生物，现在了解得不是很深，但它的一些特性着实让我们惊奇，目前发现的古细菌大多是生活在极端环境下，如上节提到的极端嗜热菌，生活在太平洋海底的"黑烟囱"附近。研究表明这些古细菌是独立进化来的，而且亿万年来，它的变化并不是很巨大，所以它对研究最初的生命进化很有帮助。

人们对古细菌和真细菌都进行了研究。研究表明，虽然古细菌在细胞结构和代谢上和其他原核生物一样，但在某

◆产甲烷古细菌遗迹化石

40亿年的风雨历程

些生化反应过程上，古细菌却更加接近于真核生物，而真细菌的生化反应过程完全是另一套反应机理。从这一点上我们不难看出，真核生物的进化与古细菌有关。

真核生物的进化历程

真核生物是如何进化的？首先是真核生物的细胞核，随着核功能的完善，细胞核被核膜包被起来，这样更有利于遗传物质的保护和传递；其次是叶绿体，可能是真核细胞在无意间吞噬了一些光合细菌，并与它形成共生关系逐渐地，这些细菌变成了真核细胞的叶绿体；再者就是线粒体。线粒体和叶绿体相似，也可能是真核细胞吞噬某些细菌形成。有了各种细胞器，真核生物功能就逐步地完善了。

细胞器线粒体的出现，可以说是一个开天辟地的伟大创造，因为动物是没有自养能力的，它必须靠从外界获得食物，这些食物要能转化成能量

动物进化

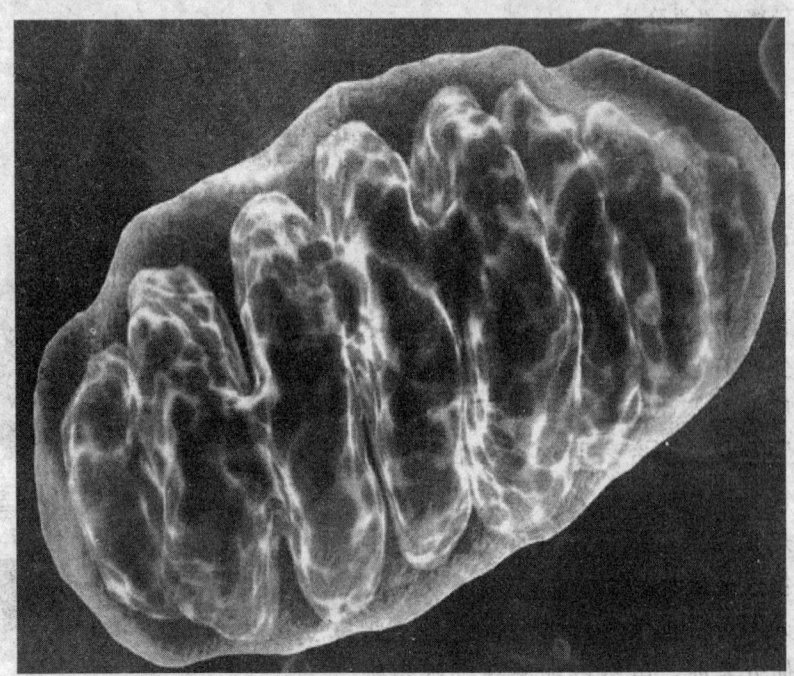

◆线粒体

峥嵘的岁月——动物进化史

供机体利用，必须依靠一种将有机物转化成能量的细胞器，这个细胞器就是线粒体。

动植物的分化

21亿年前，真核生物出现并分化成为植物、动物和真菌。这些就是原始的原生生物。它们虽能各自划分到植物、动物和真菌，但有些奇妙的现象，如强甲藻属于单细胞植物，然而它却有鞭毛，可以运动。这也正好证明了动物和植物曾经是一家。由于原始的单细胞生物比较低等，对它们进行分类有些困难，因为那时的动物和植物没有太大的区别。

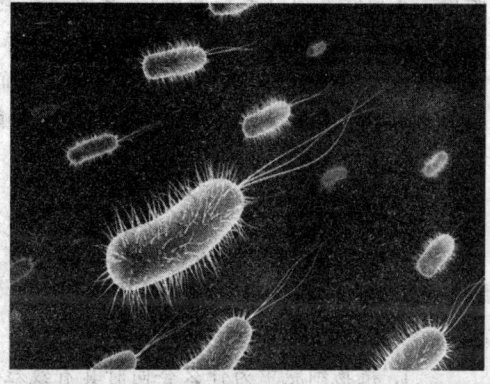
◆强甲藻属有鞭毛可以移动

在原始的海洋中，还有一种跟单细胞动物和单细胞植物称兄道弟的种类，那就是真菌，那时它们都还是单细胞生物，都是真核生物，区别也很模糊。当生命进化到多细胞的时候，这三类生物的区别才越发明显

◆蘑菇（真菌）

起来，植物能制造有机物，动物猎食其他动物和植物，真菌则继续扮演着它的祖先原始细菌的角色，分解有机物。经过几亿年的进化，形成了今天三大生物三足鼎立的局面。

40亿年的风雨历程

 **你知道吗**

　　真菌，顾名思义，就是真细菌，拉丁文原意为蘑菇，通常可分为三类，即酵母菌、霉菌和蕈菌（大型真菌），真菌是生物界中一个很大的类群，世界上已被描述的真菌约有1万属12万余种，真菌学家戴芳澜教授估计中国大约有4万种。按照林奈（Linneaus）的两界分类系统，人们通常将真菌门分为鞭毛菌亚门、接合菌亚门、子囊菌亚门、担子菌亚门和半知菌亚门。

　　1. 植物细胞中为什么会同时具有线粒体和叶绿体？
　　2. 单细胞植物为什么会有运动器官，这跟动植物刚刚分化时的环境有什么联系？
　　3. 真菌也称真细菌，是一种真核微生物，它为什么会被独立地划分成为一个界？

峥嵘的岁月——动物进化史

DONGWU
JINHUA

漫漫进化之路
——从单细胞到多细胞

单细胞生物统治地球将近25亿年，现今发现的最早的多细胞生物是距今12亿年的中元古代延展纪时期的一种红藻（Bangiomorpha pubescens）的化石。多细胞生物的出现，标志着生物开始由简单到复杂的变化，生物的分化也随着细胞的增多开始加快步伐，植物开始固定生长，动物开始进化出各种功能组织和器官。那么，动物是如何从单细胞进化到多细胞的呢？

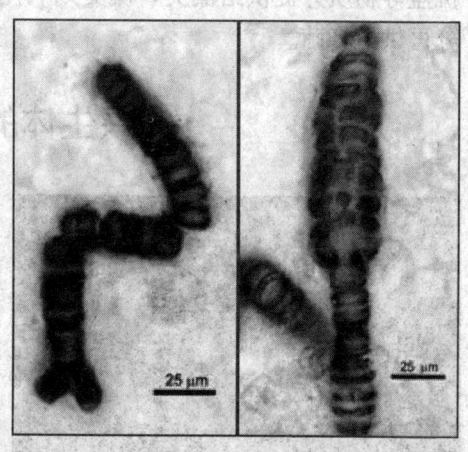

◆红藻化石

单细胞共生体

◆地衣（藻类和真菌共生体）

真核单细胞生物经过亿万年的进化，有了各种功能齐全的细胞器和一套完善的胞内生化反应机制。这些单细胞生物生命力非常强大，很快就在地球上蔓延开来。随着单细胞生物数量的增加，生存范围的扩大，不同种类生物体碰面的机会也在增加，在一些环境复杂的地方，出现了一些共生体，共生体是

动物进化

"科学就在你身边"系列　·13·

40亿年的风雨历程

由不同的单细胞生物聚集在一起形成的，这些生物体相互利用，相互依存。例如：一种生物的排泄物正是另一种生物的养料，而吸收了对方排泄物的生物，正好又净化了对方的环境。又如：在酸碱度经常变化的地方，耐碱性和耐酸性的生物共生在一起，并分别分解或中和碱性物质和酸性物质，使共生体的内环境保持在大家都能接受的程度。现在我们常见的地衣，就是由藻类和真菌类植物组成的一种共生体，真菌从周围吸收水和无机盐等物质并提供给藻类，藻类则利用这些原料进行光合作用，制造出养分再供给真菌。

共生体的进化

这些共生体虽然由很多细胞组成，且不同部分的功能不同，但每个部分却有着各自独立的遗传基因，它们也是各自为政，没有统一的行为。这样的结构缺乏稳定性，不能统一遗传给下一代，所以还不是真正意义上的多细胞动物，只能将它称为单细胞共生体。但是有些共生体细胞之间可能发生了融合，这种融合使得不同细胞间的遗传物质进行整合，新产生的细胞会有成倍增加的遗传物质——DNA，这些遗传物质在表达时，可能会有差别，然而正是这些差别，实现了DNA利用自己不同的片段发挥不同的细胞功能，使其分化成不同形态和功能的细胞，进而形成不同的器官。与单细胞动物不同的是，多细胞动物形态千差万别，各种器官功

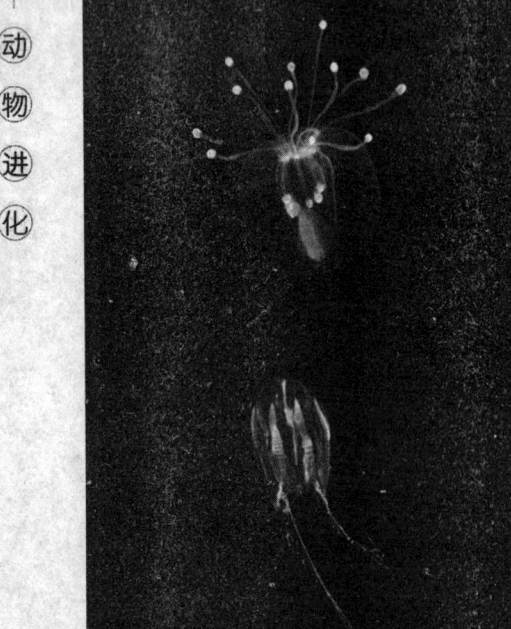

◆原始的多细胞生物——水母

动物进化

峥嵘的岁月——动物进化史

能各异，相互作用，共同维持着整个机体的稳定。虽然多细胞动物有各种不同的功能部分，但它们的 DNA 却都是一样的，这一点是最重要的，真正意义上的多细胞动物由于细胞的分化而出现。

你知道吗

动物要从单细胞进化成多细胞，首先要解决的一个问题就是细胞的融合问题，细胞融合需要许多条件与机缘巧合，例如必须有足够多的细胞个体，这样才能保证细胞体能够有更多的见面机会，如果细胞在很长时间内都见不了面，怎么发生融合呢？再者，由于原始的单细胞动物有的没有细胞壁，所以在融合的时候更容易一些，这就是动物进化成多细胞要比植物进化成多细胞更容易的原因。

多细胞出现的时间

多细胞动物是什么时候出现的呢？前面我们已经看到有化石证据表明，多细胞植物出现于 12 亿年前，但由于仅有的化石证据证明的只是植物多细胞出现的时间，那么有没有其他的证据来证明动物多细胞出现的时间呢？答案是有的。

多细胞动物是由多个、分化的细胞组成的，但其生命开始于一个细胞——受精卵，经过细胞的分裂和分化，最后发育成成熟的个体，所以多细胞动物在进化之初必须解

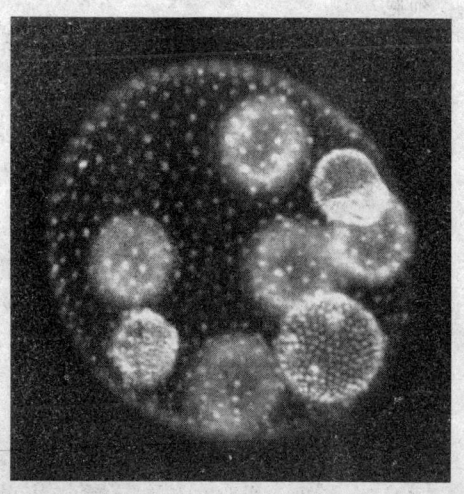

◆多细胞群

决由一个生殖细胞来产生整个生物体的问题，才能完成繁殖的任务。也就是说，找到了有性生殖的时间，动物进化成多细胞就是万事俱备只欠东风

SISHI YINIAN DE
FENGYU LICHENG

40亿年的风雨历程

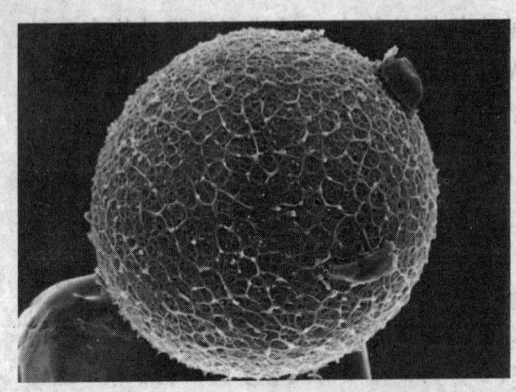

◆生殖细胞

了。一般认为在延展纪时单细胞生物出现有性生殖，是动物向多细胞进化的一个重要前提条件。从目前掌握的资料来看，我们不能确切地知道动物进化到多细胞的时间，但应该不会早于12亿年前的延展纪，与多细胞植物出现的时间不会相差太远。

动物进化

拓展思考

1. 多细胞动物比单细胞动物具有哪些优势？
2. 为什么单细胞会统治地球那么长时间，直到25亿年后才出现多细胞？
3. 单细胞进化成多细胞还需要许多要素，想一想它们是什么？

峥嵘的岁月——动物进化史

DONGWU JINHUA

动物界的空前繁荣
——生物大爆发

随着多细胞动物的出现，动物开始由简单走向复杂，这是我们都能够想到的。但在动物进化征途上有一个令人费解的悬案——寒武纪生物大爆发，这个问题一直困扰着学术界，它也对达尔文的进化论提出了新的问题。大约在6亿年前的寒武纪，绝大多数无脊椎动物门，在短短的几百万年时间内出现。门类众多的无脊椎动物化石几乎是"同时"地、"突然"地出现在寒武纪地层中，而在寒武纪之前更古老的地层中却很少找到动物化石的迹象，所以这种现象被古生物学家称作"寒武纪生物大爆发"。

◆寒武纪海洋

动物进化

达尔文的解释

达尔文曾在其《物种起源》中提到这个现象，并对其大感迷惑，认为这一事实会被用做反对其进化论的有力证据。因此，他对这种现象作了解释，寒武纪的动物一定是来自前寒武纪的动物祖先，是经过很长时间的进化过程产生的；寒武纪动物化石出现的"突然性"和前寒武纪动物化石的缺乏，是由于地质记录的不完全，或是由于老地层淹没在海洋中的缘故。

事实果真如达尔文所描述的那样吗？我们不得而知，但这种解释确实有点牵强。1965年，两位美国物理学家提出了寒武纪生物爆发是由于地球

SISHI YINIAN DE FENGYU LICHENG
40亿年的风雨历程

◆奇虾

大气的氧水平这个物理因素造成的。他们认为，在早期地球的大气中含有很少或根本就没有自由氧，氧是前寒武纪藻类植物光合作用的产物并逐渐积累形成的。后生动物需要大量的氧，一方面用于呼吸作用，另一方面氧还以臭氧的形式在大气中吸收大量有害的紫外线，使后生动物免于有害辐射的损伤。但地质学证据又否定了氧气说，因为在大约距今10亿年至20亿年之间广泛沉积层中含有大量严重氧化的岩石，说明在这一时期内已经存在足够生命爆发的氧条件。

动物进化

轻松一刻

寒武纪生物大爆炸又叫生命大爆发，很多人都对这个事件感兴趣，因为它的名字很响亮，但所谓的生物大爆炸，并不是我们通常所了解的那个"爆炸"，而是指生命在寒武纪那个地质时期，生物种类突然一下子多了许多，像爆炸一样迅速。

收割理论

目前关于寒武纪生物大爆炸的假说还有美国生态学家斯坦利提出的"收割理论"。斯坦利认为，在前寒武纪的25亿年的多数时间里，海洋是一个以原核蓝藻这样简单的初级生产者所组成的生态系统。这一系统内的群落在生态学上属于单一不变的群落，营养级也是简单唯一的。由于物理空间被这种种类少但数量大的生物群落顽强地占据着，所以这种群落的进化非常缓慢，从未有过丰富的多样性。寒武纪生物爆发的关键是草食"收割者"的出现和进化，即食用原核细胞（蓝藻）的原生动物的出现和进化。

峥嵘的岁月——动物进化史

"收割者"为生产者有更大的多样性制造了空间，而这种生产者多样性的增加又导致了更特异的"收割者"的进化。营养级金字塔按两个方向迅速发展：较低层次的生产者增加了许多新物种，丰富了物种多样性，在顶端又增加了新的"收割者"，丰富了营养级的多样性。从而使得整个生态系统的生物多样性不断丰富，最终导致了寒武纪生物大爆发的产生。

◆寒武纪海洋中的"收割者"

目前科学家们还没有找到直接的证据来证明"收割理论"的正确性，然而一些间接的证据却支持了这一理论。间接证据之一来自于前寒武纪叠层石，这些由藻类组成的叠层石中保存了前寒

◆寒武纪海洋原始动物

武纪最丰富的生产者群落。今天，叠层石仅盛产于缺少后生动物"收割者"的贫瘠环境中，如超盐量的咸水湖中。藻类在前寒武纪地层中的大量存在，大概反映了当时"收割者"的贫乏。另外，生态学野外研究也提供了一些间接的证据，研究表明，在一个人工池塘中，放进捕食性鱼，会增加浮游生物的多样性；从多样的藻类群落中去掉海胆，会使某一藻类在该群落中占统治地位而多样性下降。

另外，从化石资料来看，真核藻类大约在 12 亿年前出现了有性生殖，实际上有性生殖出现得更早。有性生殖的发生在整个生物界的进化过程中有着极其重大的作用，由于有性生殖提供了遗传变异性，从而有可能进一步增加生物的多样性，这是造成寒武生物大爆发的原因之一。关于有性生

SISHI YINIAN DE FENGYU LICHENG
40亿年的风雨历程

殖,我们将在下一篇"上帝的杰作——两性"一节中做更详细的介绍。

 你知道吗?

不论寒武纪生物大爆发的原因是什么,都导致了一个结果,那就是动物界空前的繁荣。从此动物步入了快速进化的阶段,且进化的速度越来越快。进化出两栖类用了3亿年,进化出恐龙用了1.5亿年,进化出哺乳类用了1亿年,而人类的进化只用了仅仅700万年。

大爆发起源

动物进化

◆埃迪卡拉

人们一直认为在生命大爆发之前不可能出现高等的后生动物,但埃迪卡拉动物群的发现打破了这一观念,它说明在寒武纪之前,已经有生物在默默地为生命大爆发"做准备",这就是埃迪卡拉门。埃迪卡拉动物群包含了多种形态奇特的动物化石:身体巨大而扁平,多呈椭圆形或条带形,具有平滑的有机质膜,是人们迄今为止发现的最古老、最原始的化石,也是在太古代地层中发现的最有说服力的生物证据。按德国古生物学家塞拉赫的观点,埃迪卡拉动物群可分为辐射状生长、两极生长和单极生长3种类型。除辐射状生长的类型中可能有与腔肠动物有关系的类群外,其他两类与寒武纪以后出现的生物门类无亲源关系。

尽管有关埃迪卡拉动物群的性质还有许多争议,但其奇怪的形态令许多学者相信,埃迪卡拉动物群是后生动物出现后的第一次适应辐射,它们采取的是不同于现代大多数动物采取的形体结构变化方式,不增加内部结

峥嵘的岁月——动物进化史

DONGWU JINHUA

◆埃迪卡拉印记化石

构的复杂性，只改变躯体的基本形态，变得非常薄，成条带状或薄饼状，使体内各部分充分接近外表面，在没有内部器官的情况下进行呼吸和摄取营养，如现代大型寄生动物涤虫。现代大多数动物采取的是保持浑圆或球形的外部形态的同时，进化出复杂的内部器官来扩大相应的表面积（如肺、消化道），从化石上可以看出，这些生物已具有了高度分化的组织和器官，说明它们已不是最原始的类型。它们代表了后生动物出现以后的第一次辐射演化，因此可以认为，埃迪卡拉动物群是在元古宙末期大气氧含量较低的条件下后生动物大规模占领浅海的一次尝试，结果失败了，而导致灭绝。在后来的演化过程中，后生动物采取了第二种方式，使内部的器官向复杂化和物种多样化发展，即生物系统演化。

 知识窗

所谓后生动物是相对于原生动物来说的，因为在寒武纪之前很难找到高等动物的化石，于是人们形象地以寒武纪生命大爆发为界限，称大爆发中出现的生命为后生生物。

40亿年的风雨历程

发现之旅——埃迪卡拉动物群

1947年，科学家在澳大利亚中南部才迪卡拉地区的庞德砂岩层中发现了一个动物群，并将其命名为埃迪卡拉（Ediacaran）动物群。起初人们还不能确定这一动物群的时代，后来经过一番努力，终于确定为前寒武纪，其年龄为6.7亿年。埃迪卡拉动物群包括三个门，19个属，24种低等无脊椎动物。三个门分别是：腔肠动物门，环节动物门和节肢动物门。水母有7属9种；水螅纲有3属3种；海鳃目（珊瑚纲）有3属3种；钵水母2属2种；多毛类环虫2属5种；节肢动物2属2种。这些化石大多保存为印痕化石，尽管它们的形态和结构都有些原始，但它们却被认为是20世纪古生物学方面最重大的发现之一。这一重大发现，使科学界放弃了长期以来认为在寒武纪之前不会出现后生动物化石的传统观念。

动物进化

拓展思考

1. 为什么说有性生殖对生物进化是如此重要？
2. 寒武纪生物大爆发出现的生物种类有哪些？
3. 埃迪卡拉动物群作为前寒武纪生命的一个代表，它们是怎样一种动物？

峥嵘的岁月——动物进化史

动物界的半壁江山——昆虫

◆昆虫

昆虫纲是节肢动物门最大的一个纲,也是动物界和生物界最大的一个纲。现代昆虫已发现的有100多万种,占现在动物界已知种类的2/3到3/4,而昆虫学家估计的现存种类实际在200万到500万种之间。种类最多的目为鞘翅目（Coleoptera）、鳞翅目（Lepidoptera）、膜翅目（Hymenoptera）和双翅目（Diptera）。昆虫无疑是进化史上的一朵奇葩,是进化得最成功的动物之一。同时昆虫在进化方面也是一个独立进化的单位,从古昆虫一直进化到今天,几度兴衰更迭。它与鱼一起生活过,和恐龙打过交道,今天又与我们人类为伴,昆虫的适应能力可见一斑。

昆虫的起源

◆古蜻蜓

动物学家在探究昆虫的起源时可以说是一波三折,因为昆虫出现得很早,而且体型小,所以化石证据非常稀少。但动物学家们仍然凭着有限的化石和丰富的想象力,给我们提供了可以信服的昆虫起源的线索。

昆虫的祖先——节肢动物一族最先在4亿年前就已经登上陆地,到了

40亿年的风雨历程

3.5亿年前，昆虫在地球上出现了，并成为了节肢动物家族中最庞大的一个类群。昆虫的祖先本来生活在水中，样子有点像蠕虫，身体分为好多环节，环节上有刚毛，头部有取食的小孔。这种动物被认为是环形动物、钩足动物和节肢动物的共同祖先。

昆虫的演化

动物进化

◆短脉优鸣螽，中侏罗世昆虫

随着时间的推移，节肢动物登上陆地。为了适应陆地生活，节肢动物的肢体开始演化，身体为了适应陆地环境也开始发生巨大变化，由原来的较多环形体节及附肢，演化成为头、胸、腹三大段的体态。这个演化过程大约经历了2亿到3亿年，而且还在继续进行着。

早期的昆虫和现在的昆虫是不一样的，它从小到大身体都不发生变化，不像现在的昆虫大多是变态发育。那时它们在体躯上没有明显的可用来飞翔的翅，而且原先腹部的多条足也没有完全退化。后来有些昆虫的腹足演化成为了跳跃的器官，有些种类还保持着原来的体态，如现今被列为无翅亚纲中的弹尾目、原尾目及双尾目昆虫。随着时间的流逝，大约在泥盆纪晚期，有些昆虫演化出了翅。

昆虫翅的进化是大自然一项伟大的创造，这使得昆虫成为最早飞上天

◆恐龙身上的昆虫，科学家在1亿年前的琥珀中发现

"科学就在你身边"系列

峥嵘的岁月——动物进化史

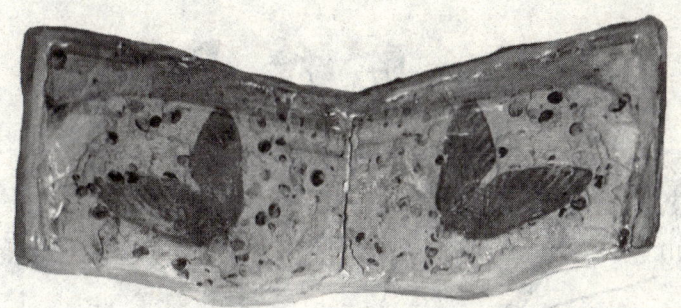

◆胡氏辽蝉，演化于中侏罗世

的动物，比鸟儿要早2亿年。昆虫进化出翅得以使它能够更好地适应环境，躲避敌害，成功地在地面上生存，并延续至今。

在以后亿万年的漫长历史变迁中，有些种类的昆虫由于不能适应冰川、洪水、干旱以及地壳移动等外界环境的剧烈变化，就在演变过程中被大自然所淘汰；也有些种类的昆虫逐渐适应了环境，这就是延续到现在的昆虫。例如天空中飞翔的蜻蜓，仓库及厨房中常见的蟑螂，它们的模样与数万年前的化石标本没有区别。

 你知道吗

昆虫曾经并不是现在的样子，昆虫学家通过对2.6亿年来的昆虫化石研究发现，昆虫曾经的体型是非常巨大的。例如，大翅蜻蛉是蜻蜓的祖先，它在飞行时翼展可达0.9米，蜈蚣的祖先古马陆更是具有2米到3米的巨大身躯。但为什么昆虫能长那么大呢？古生物学家通过实验证明，古代昆虫能长那么大的原因是大气中氧含量的激增。现在的大气中氧含量是21%，而在古代，大气中的氧含量在30%左右。

◆2米多长的古马陆

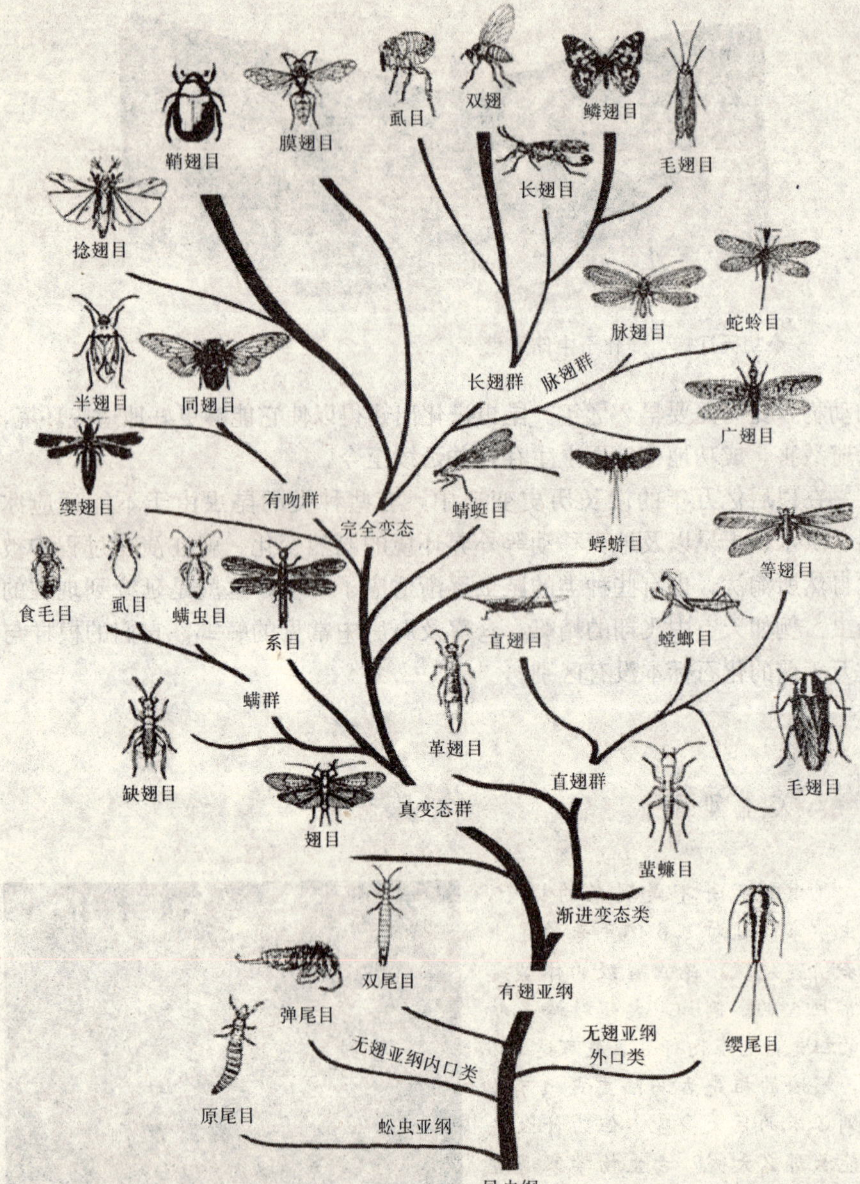

SISHI YINIAN DE FENGYU LICHENG
40亿年的风雨历程

动物进化

◆昆虫进化树

约2.9亿年前是昆虫演变最快的时期。在这段时间内，许多不同形状

峥嵘的岁月——动物进化史

的昆虫相继出现，但大多数种类属于渐进变态的不完全变态类型。在以后的世代中，又有些昆虫从幼期发育到成虫，无论从身体形状到发育过程都有明显的变化，成为一生中要经过卵、幼虫、蛹、成虫四个不同发育阶段的完全变态类群。

昆虫在进化过程中并不是一帆风顺的，在三叠纪的生物大灭绝中，大部分陆地生物都灭绝了，包括昆虫，然而一部分昆虫靠着体型小、食量少、繁殖力强等特点，还是顽强地生存了下来。在鸟儿出现以后，飞行的昆虫有了天敌，这时又有一部分有翅昆虫在自然选择中被淘汰了。

随着现代植物的出现，显花类植物种类增加，昆虫进化出许多依靠花蜜生活的种类。随着哺乳动物和鸟类的兴起，一些寄生性的食毛目、虱目、蚤目等昆虫也应运而生。这便是现代昆虫的由来，并逐渐形成了五彩缤纷的昆虫界。

介绍——节肢动物

节肢动物门是动物界中最大的类别，包括100多万种无脊椎动物，这些无脊椎动物都是两侧对称结构，体外覆盖部分由几丁质组成的表皮，能定期脱落。表皮是保护装置，起外骨骼的作用，为肌肉提供附着面。肌序复杂，有的特化，以操纵飞行和发声。附肢的外骨骼具有关节，因而称节肢动物。节肢动物有许多特殊的感觉器，体腔退化而代之以血腔；神经系由背面的脑和一对腹神经索组成。已描述的节肢动物在879000种以上，其中约86%是昆虫。据估计，其总数在1000万种以上。

拓展思考

1. 在你身边常见的昆虫，能叫上名字的有多少种？
2. 说说昆虫为什么适应能力强？
3. 昆虫适应性强，分布广，种类多，能说说这和它的形态特征有什么关系吗？

40亿年的风雨历程

动物进化

进军陆地——两栖动物

◆两栖动物

最早登上陆地的动物并不是两栖类,但最早登上陆地的脊椎动物却是两栖类。过去,人们只知道鱼类爬上陆地进化成为了两栖类,但一直缺乏有力证据。也就是说,没有在化石中找到既有鱼类特征又有陆生动物特征的过渡物种。然而,"提克塔利克"的发现改变了这一切。

提克塔利克

"提克塔利克"在因纽特语中的意思是"一种大型浅水鱼"。这是一种会走路的鱼,大约生活在3.75亿年前。2004年,科学家在加拿大北极地区发现了这种鱼的化石,并认定这是一种大型水生动物,居住在亚热带河流冲积扇的泥滩里。身长可达2.7米,长有锋利的牙齿,捕食水里的鱼或陆地上的昆虫。

发现化石时,由于鱼头盖骨下部嵌在石头里,科学家们把头盖骨放到显微镜下,用针把石头晶粒一点点剔除。经过漫长的辛苦努力,终于在2008年公布了"提克塔利

◆"提克塔利克"化石,及复原后的模型

峥嵘的岁月——动物进化史

DONGWU
JINHUA

克"的头盖骨的内部结构。

"提克塔利克"的头部有腮，再加上它身体上有鱼鳞，证明它确实是鱼类，但在它身上也有许多惊人发现——这种鱼有脖子。我们都知道，鱼是没有脖子的，它不需要脖子，因为身体可以在水中随意转动，但陆地生物就不一样了，它们身体不能自由转动，所以需要有一个能够转动的脖子，这一发现证明了"提克塔利克"确实是一种过渡物种。

◆早期两栖类化石

提克塔利克的成功

◆两栖类爬上陆地

在对"提克塔利克"的附肢进行研究时发现，它的附肢已经有了一些桡骨出现，看起来很像手指，这就为以后手掌的进化奠定了基础。

"提克塔利克"具有其同时期的原始鱼类的大多数特征，它既有肺也有腮，并不能算是真正意义上的陆栖动物，绝大多数时间还是呆在水里的。同时它又具有最早出现的主要生活在陆地上的四足两栖类动物的诸多特征。在漫长的岁月里它逐渐进化出了腕部、肘部，并最终变成了可以在陆地上行走的腿脚。这就完成了从鱼类到两栖类的进化。

两栖类刚刚登上陆地的时候，陆地上只有昆虫等一些小型动物，还是一片蛮荒之地，两栖类就在这种情况下分化出许多类群。到了石炭纪和二叠纪期间，它们种类开始变得繁多，而且许多类群中有相当大的个体，成

动物进化

"科学就在你身边"系列

· 29 ·

40亿年的风雨历程

为当时地球上最占优势的动物。虽然爬行类在石炭纪已经出现，但它们在多样性及个体大小方面还比不上两栖类，就犹如恐龙时代的哺乳类一样，爬行类在那个时期是那么不起眼，所以石炭纪和二叠纪又被称为两栖类的时代。

小资料：罗平动物群

2008年上半年，按照中国地质调查局总体部署，云南罗平地区中三叠世安尼期关岭组在地层中发现了丰富的脊椎动物化石群落。据鉴定，时代为中三叠纪安尼期的Pelsonisian亚期，经中国科学院人类与古脊椎动物研究所初步鉴定，鱼类化石主要包括裂齿鱼类、真颌鱼类、弓鳍鱼类、半椎鱼类、龙鱼类、全骨鱼类、肋鳞鱼类等，大部分鱼类为新属种。

这个动物群被称作罗平动物群，其中的鱼类化石为研究安尼期鱼类向两栖类演化提供了重要的资料。

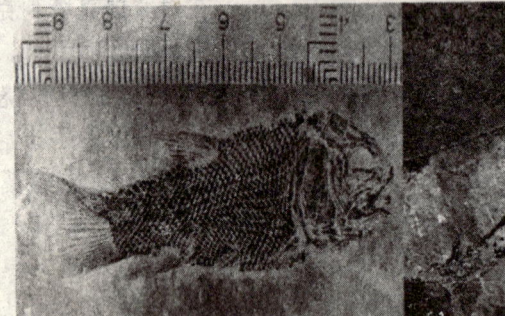

◆罗平动物群三叠世鱼化石

两栖类无疑是最早征服陆地的脊椎动物，但在二叠纪之后，它开始衰落了，在晚古生代繁盛的两栖类多数都在二叠纪晚期灭绝了，少数可以残存到中生代早期和中期。现代两栖类就是一部分幸存到中生代的两栖类的后代，包括青蛙、蝾螈、蟾蜍等。

峥嵘的岁月——动物进化史

DONGWU JINHUA

拓展思考

1. 今天的两栖类，你还能说出哪些种类？
2. 两栖类登上陆地的时间在植物登上陆地之后，想一想这是为什么呢？
3. 想一想为什么有的两栖类要经过变态发育成为成熟个体？例如青蛙的发育要经过蝌蚪。

动物进化

SISHI YINIAN DE
FENGYU LICHENG

40亿年的风雨历程

动物进化

王者归来——恐龙的胜利

◆霸王龙——"坦克"级杀手

爬行动物早在石炭纪就已经出现，但由于当时的两栖类在各方面都占有优势，所以爬行类一直没有机会发展壮大。到了中生代，爬行类凭借着自身对陆地的超强适应能力，逐渐充满陆地上的各个角落。地球上的爬行动物时代到来了，在接下来的整个中生代，恐龙一统天下，并成为统治陆地时间最长的物种。

恐龙进化历程

爬行动物在进化上完全摆脱了对水的依赖，可算是真正征服陆地的脊椎动物，可以适应各种不同的陆地生活。爬行动物传统上根据头骨上颞颥孔（头颅两侧靠近耳朵上方的孔洞）的数目和位置分成4大类，头骨上没有颞颥孔的划分成无孔亚纲，代表爬行动物的原始类型；头骨每侧有一个下位的

◆恐龙骨化石

峥嵘的岁月——动物进化史

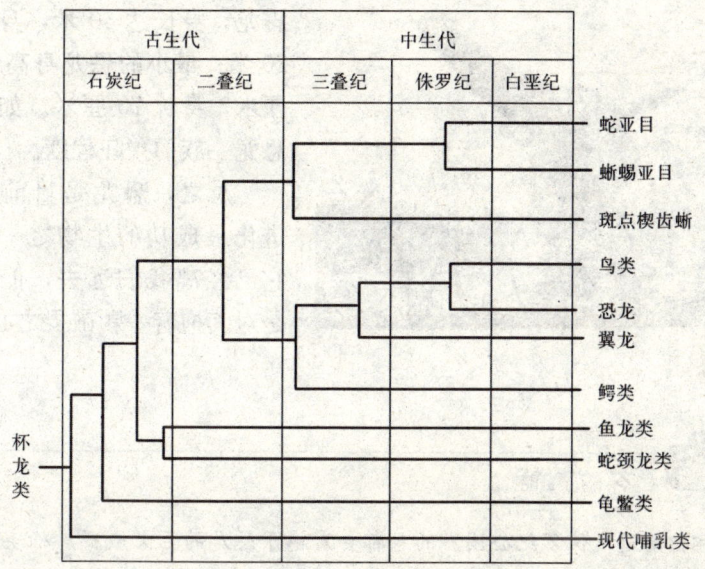

◆爬行类的演化

颞颥孔的划分为下孔亚纲，是向着哺乳动物演化的爬行动物；头骨每侧有一个上位的颞颥孔的划分为调孔亚纲，是海洋爬行动物；头骨每侧有两个颞颥孔的划分为双孔亚纲，是主干爬行动物，并演化出了鸟类。双孔亚纲又进一步划分为较原始的鳞龙下纲和进步的初龙下纲。

这些名目繁多的种类都有着一个共同的祖先——杯龙目爬行动物，是最原始的爬行动物，有些杯龙目动物成员甚至被移入两栖动物中。可以说我们现在地球上所有的爬行类、鸟类、哺乳类，都是杯龙目动物的后代。

恐龙最早在大约2.4亿年前的三叠纪出现，由于身体各方面器官进化得相当完善，所以恐龙成为当时地球上最具竞争力的物种，从天上飞的到地上跑的，再到水里游的全都是恐龙。到了侏罗纪，恐龙达到了最繁盛时期，那时最大的恐龙

◆世界上最小的恐龙

SISHI YINIAN DE FENGYU LICHENG

40亿年的风雨历程

◆震龙

震龙，身长达40米，身高将近20米；最小的恐龙身高只有10厘米，身长70厘米。如此可见恐龙一族的兴旺程度。

总之，恐龙是目前地球上进化最成功的生物之一，尽管它已经离我们远去，但我们还是对其抱着一颗敬畏之心。

万花筒

相信看过《侏罗纪公园》的人都会震撼于恐龙的巨大威猛。确实如此，恐龙正是靠着它庞大的身躯和强大的力量统治着世界，这是它成功的秘诀之一。但这也是它致命的弱点，在下一节中将会介绍到这一点。

恐龙进化的环境

恐龙的兴盛跟环境有很大的关系，侏罗纪时期的地球，气候温和，蕨类植物繁茂，这为恐龙提供了足够的食物；在那时候，古泛大陆开始分裂，并向不同方向开始漂移，使得地球上环境呈多样化来，出现高山、深谷、冰原、森林等，这是导致恐龙多样化的一个重要原因。

知识窗

任何一个物种都不会平白无故就能够进化了，恐龙也是一样，恐龙能够进化成功，很大一部分原因跟它当时所处的环境有关，环境不仅改变着恐龙，决定着恐龙的命运，而且也决定着所有一切生物的兴衰成败。

总之，恐龙的兴衰，乃至生物界所有动物的兴衰，都跟环境有关，这

峥嵘的岁月——动物进化史

就是大自然的法则。这三幅图显示了恐龙在其辉煌历史的三个时期的生存环境对比。

◆三叠纪复原图

◆侏罗纪复原图

SISHI YINIAN DE
FENGYU LICHENG

40亿年的风雨历程

◆白垩纪复原图

动物进化

 拓展思考

1. 恐龙的种类有哪些?
2. 霸王龙属于暴龙的一种,出现在白垩纪晚期,为什么这个杀手坦克会出现得那么晚呢?
3. 从进化树上我们可以看到恐龙和鸟类有哪些关系?

峥嵘的岁月——动物进化史

DONGWU JINHUA

兴衰更迭
——恐龙帝国的没落

我们知道恐龙是在大约 6500 万年前突然灭绝的。曾经如此辉煌、如此不可一世的恐龙一族，是如何走到穷途末路的呢？一直以来，恐龙灭绝之谜困扰着一代又一代的科学家，他们试图用各种手段解开恐龙灭绝之谜。但到目前为止也没有一个定论，只有一个个假说。在众多的假说中，陨石碰撞说最具说服力，且大多数人都认同这种观点。

◆恐龙是怎么灭绝的？

动物进化

陨石撞击说

◆恐龙生存环境的恶化，导致其灭亡

这个学说是 1980 年美国科学家的一项重大发现。他们在 6500 万年前的地层中发现了高浓度的铱元素，其浓度之高，超过正常水平的几十甚至数百倍，这么高水平浓度的铱元素在地球上是没有的，只有在小行星上才会存在。所以我们不免会联想到恐龙灭绝的时间和这地层的时间竟然如此吻合，陨石撞击说应运而生。科学家通过对铱元

"科学就在你身边"系列

SISHI YINIAN DE
FENGYU LICHENG

40亿年的风雨历程

素含量的测定，还计算出撞击物体直径应该在10千米左右，其撞击坑直径将达100千米，而且计算出在撞击过程中会有相当于里氏10级地震的能量。

这么大的一个事件在地球上应该会留下痕迹，所以在接下来的10年中，科学家们致力于寻找直径超过100千米的陨石撞击坑。终于他们有了突破性的进展。他们在中美洲的犹加敦半岛上找到了一个陨石坑，并将其命名为希克苏鲁伯陨石坑（Chicxulub crater），这个陨石坑已经淹没在地层之中，但用雷达仍能探测到，其平均直径在180千米，是目前发现的最大的撞击坑，而且它形成的年代也是6500万年前。

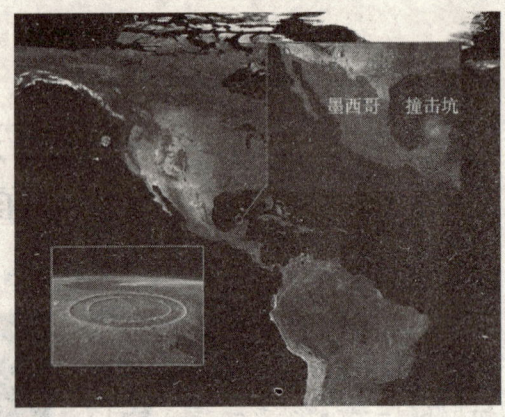

◆墨西哥犹加敦半岛撞击坑

动物进化

◆6500万年前的模拟撞击

◆陨石撞击的瞬间

峥嵘的岁月——动物进化史

其他假说

物种斗争说法。恐龙年代末期，最初的小型哺乳类动物出现了，这些动物属啮齿类食肉动物，可能以恐龙蛋为食。由于这种小型动物缺乏天敌，越来越多，最终吃光了恐龙蛋。

大陆漂移说法。地质学研究证明，在恐龙生存的年代，地球的大陆只有唯一一块，即"泛古陆"。由于地壳变化，这块大陆在侏罗纪发生了较大的分裂和漂移现象，最终导致环境和气候的变化，恐龙因此而灭绝。

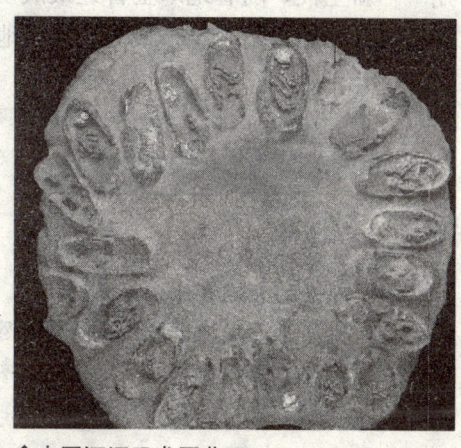

◆中国河源恐龙蛋化石

地磁变化说。现代生物学证明，某些生物的死亡与磁场有关。对磁场比较敏感的生物，在地球磁场发生变化的时候，都可能由此灭绝。由此推论，恐龙的灭绝可能与地球磁场的变化有关。

被子植物中毒说法。恐龙年代末期，地球上的裸子植物逐渐消亡，取而代之的是大量的被子植物，这些植物中含有裸子植物中所没有的毒素，形体巨大的恐龙食量奇大，大量摄入被子植物，导致体内毒素积累过多，终于被毒死了。

想一想

恐龙究竟灭绝了没有？

有些人认为，恐龙并没有灭亡，现在的蜥蜴不是跟恐龙很相像吗？其实恐龙和蜥蜴有很大的区别，它们虽然都是属于爬行动物，但在门类庞杂的爬行动物大家族中，恐龙和蜥蜴的亲缘关系其实很远，恐龙一族在大灭绝中全部灭绝了，现代爬行类和恐龙是完全不同的两个进化分支。

40亿年的风雨历程

无论是哪种假说，总之在6500万年前发生了一次大灾难。在大灾难中，包括恐龙在内的大部分生物都灭绝了。从此地球进入了一个全新的时期——新生代，随着地球上曾经最成功的动物的逝去，哺乳动物得到了发展机会并开始繁衍生息，最终统治了地球。

拓展思考

1. 恐龙的灭绝有什么意义？
2. 世界上已发掘出许许多多种的恐龙化石，你能叫出几种恐龙的名字？
3. 恐龙为什么在大灭绝中会无一幸存？

动物进化

峥嵘的岁月——动物进化史

DONGWU
JINHUA

新势力的崛起
——哺乳类

哺乳动物，顾名思义是胎生哺乳，这是一种全新的繁育后代的方式。与卵生动物不同的是，胎生动物卵在体内发育，并直接成长为幼体，再分娩出来，经母乳喂养，渐渐成为一个成熟个体。但胎生哺乳与卵生究竟孰优孰劣？小小的哺乳动物是如何一步步主宰大地的呢？

◆哺乳动物

早期哺乳类

中生代是爬行动物的天下，巨大的恐龙耀武扬威，不把其他的任何生物放在眼里，其中就包括1.25亿年前出现的哺乳类动物。当时的哺乳类动物可以说是生不逢时，在生存竞争中完全处于劣势，但哺乳类有其独特的生存之道。最初的哺乳类体型小，身长只有1米，重约40千克，性情活跃，跟现在的狗差不多，这种动物被叫做犬颌兽。但跟巨大的恐龙比起来，它就显得很弱小。不过因为爬行类是冷血动物，夜间活动能力差，所

"科学就在你身边"系列 · 41 ·

40亿年的风雨历程

以早期的哺乳类动物靠和大型爬行类动物打游击战还是有效地存活了下来。

◆犬颌兽

哺乳类毕竟是比爬行类进化得更高等的动物，具有进化上的优势：一是体温恒定，二是胎生哺乳，所以哺乳动物取代爬行动物主宰世界只是时间的问题。

哺乳类优势

◆由于哺乳动物体温恒定，所以非常有活力

首先是体温恒定。哺乳类可以在夜间活动，躲避灾害，也可以分布到爬行动物难以到达的寒冷地带，对环境的适应能力提高了。其实，恒温动物的最大优势还是其大脑能够得到充足的能量，因为从鱼类开始，大脑进化的重要性开始逐渐显现出来。智力的进化往往比蛮力的进化更加具有竞争力，哺乳动物的大脑从此开始飞速运转起来，从这一点来说，哺乳动物已将过去的所有动物都远远地甩到了后面。

峥嵘的岁月——动物进化史

DONGWU
JINHUA

哺乳动物的另一优势是胎生。从表面上看,这有点像某些原始动物或细菌的出芽生殖,子代在母体上孕育,然后分离出去,直接产生一个新的个体。这样做的好处是卵在母体内发育,可以有效地防止被盗、被吃和被损坏等现象,大大提高了繁殖率,幼体由母乳喂养长大,有效地提高了存活率。反观恐龙,恐龙蛋的孵化对温度的要求很高,有些恐龙的性别是由恐龙孵化时的温度决定的,一旦气候异常,很容易造成性别失衡。有研究表明,这也是恐龙大灭绝的一个原因。

◆袋鼠

哺乳类动物在等待一个机会。终于,在6500万年前,一颗小行星撞击了地球,引起气候变化,包括恐龙在内的大部分生物都灭绝了,只剩下了一些适应能力强的动物,这其中就有更加聪明的哺乳类,动物界的新时代来临,这就是"新生代",幸存下来的哺乳动物凭借着它们进化上的优势,迅速发展壮大,最终主宰了大地!

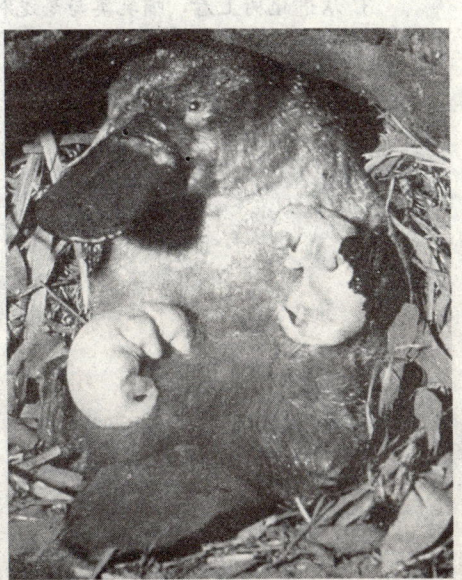

◆鸭嘴兽

动物进化

SISHI YINIAN DE
FENGYU LICHENG

40亿年的风雨历程

 **你知道吗?**

现存的哺乳动物并不都是像我们人类一样的胎生哺乳,他们有的没有胎盘,有的甚至体温不是恒定的。但它们仍能称作哺乳动物,主要是它们有哺乳这种行为。虽然这些物种有些低等,但这也正证明了进化的存在和我们哺乳动物的起源是冷血爬行类。现代的哺乳动物主要包括单孔动物(如鸭嘴兽)、有袋动物(如袋鼠)和有胎盘动物(如人类)。

 拓展思考

1. 为什么哺乳动物需要恒定的体温?
2. 常见哺乳动物都有哪些种类?你能叫出它们的名字吗?
3. 从进化树上看,哺乳类与恐龙和鸟类有什么样的关系?

动物进化

峥嵘的岁月——动物进化史

DONGWU JINHUA

征服天空——鸟类

昆虫是最早飞上蓝天的动物，但昆虫由于体型所限，不能飞得很高，且不能持续飞行很长时间，飞行速度也不是很快。而鸟类的出现改变了这种状况，鸟类可以飞到1万米的高空，飞行的最快速度可达到每小时350千米。那么鸟类有着怎样的进化历程呢？

◆鸟类

始祖鸟

◆始祖鸟

化石证据表明，鸟类是从爬行动物进化来的。晚三叠纪时期，原始的爬行类中的初龙类亚纲槽齿类蜥龙的一个分支开始分化，并最终成为了鸟类。在进化中有一种过渡种——始祖鸟，始祖鸟的发现填补了鸟类进化史上的一个空白。

直到2008年，我们已经发掘出10具始祖鸟化石和1

动物进化

"科学就在你身边"系列 · 45 ·

40亿年的风雨历程

根羽毛化石，这些化石全部出自德国巴伐利亚州索伦霍芬周边的上侏罗统索伦霍芬石灰岩层中，因此索伦霍芬这个地方被古生物学家称为古生物化石圣地。

化石虽然有限，但始祖鸟身上的羽毛化石却是一个重大发现，因为羽毛是鸟类独有的特征。羽毛的出现，标志着鸟类的出现，所以顾名思义，始祖鸟是鸟类的祖先。

翼龙的主宰

◆翼龙

始祖鸟出现后，许多原始的鸟类开始出现，并在整个侏罗纪占有一席之地，但侏罗纪的天空却被另一种更强大的飞行机器——翼龙统治着。

翼龙确实很强大，但在6500万年前，它跟大多数原始鸟类一起灭绝了。剩下的只有一些适应性强的小型鸟类，这些幸存下来的小鸟通过千万年的进化，成为了现代鸟类。

 你知道吗？

我们应该分清楚，翼龙并不是鸟类，虽然它们都有翅膀，都能够在天上飞，但翼龙没有羽毛，翼龙和鸟类是两个不同的进化分支，鸟类与恐龙的亲缘关系比翼龙与恐龙的亲缘关系更近些，所以认为鸟类是从翼龙进化来的观点是错误的。

峥嵘的岁月——动物进化史

DONGWU JINHUA

现代鸟类

现代鸟类全世界大约有 9000 种，绝大多数都是树栖的。在漫长的进化历程中，它进化出了各式各样的亚种。最大的鸟是鸵鸟，它已经丧失了飞行的能力；最小的鸟是蜂鸟，能够向后倒着飞；飞得最快的鸟游隼，飞行最高时速可达 350 千米，被称作"空中子弹"。

现代鸟类几乎充斥在地球的各个角落，且形态发生了各种各样的变化，鸵鸟虽然不会飞翔了，但它却是跑得最快的鸟类；企鹅不会飞，且在陆地上行动蹒跚，但在水里却十分灵活。鸟类的千姿百态，给大自然增添了许多生机。

◆鸵鸟

动物进化

◆蜂鸟

"科学就在你身边"系列 · 47 ·

40亿年的风雨历程

拓展思考

1. 鸟类的体温也是恒定的，这对它的飞行有什么帮助？
2. 羽毛对鸟类而言起到哪些作用？
3. 鸟类的身体进化出了各种适合飞行的器官，你能描述一下它们的这些器官和对飞行起到的促进作用吗？

动物进化

峥嵘的岁月——动物进化史

DONGWU JINHUA

终极进化——人类的觉醒

人类从何而来?《圣经》中说是上帝创造的,中国古代传说是女娲创造的,我们都知道这个世界没有神,那么究竟是谁创造了人类呢?答案就是大自然。大自然创造了繁华万千的生物,而人类只是其中之一,但人类也是这其中最特殊的一种,他有思想。那么,大自然是如何让人类从这无数生物中脱颖而出的呢?

◆人类的发源地——非洲草原

猿类走出森林

◆东非干旱少雨森林稀少导致人类祖先走出森林

这还得从 6500 万年前说起,恐龙灭亡后,哺乳动物发展壮大,并在全球取得了主导地位,哺乳动物的时代来临了。到了大约 2000 万年前,哺乳动物空前繁荣,他们中出现了一个分支——猿类,猿类在所有哺乳类中智商最高,大脑最发达,生活在茂密的热带雨林中,过着树栖的生活。

随着时间的推移,大约在 1500 万年前,由于气候变化和地质运动,非洲雨量开始减少,森林面积随之逐渐减少,而被大片的草原所替代,生活

SISHI YINIAN DE
FENGYU LICHENG

40亿年的风雨历程

动物进化

◆非洲草原上激烈的生存竞争

在雨林中的猿类不得不改变生活方式。到了大约500万年前,非洲东部的南方古猿开始分化,一部分继续生活在密林当中,跟随着森林的变迁而变迁,这部分猿类进化成了今天的大猩猩、黑猩猩和长臂猿等,另一部分来到了空地,开始了全新的生活。

 你知道吗?

猜一猜——你知道猿是如何学会走路的吗?

与丛林不同,草原一望无际,非常容易暴露自己,而且这时的草原上已经有了狮子、猎豹等猛兽。这些古猿在终日采集食物的同时,还得提防猛兽的袭击。巧的是,正是这种生活方式,让古猿学会了用后肢奔跑,因为在逃跑的时候,前肢往往会携带着食物。就这样,古猿学会了用后肢行走。能够用后肢行走是古猿的一大进步,而手的解放又为以后工具的使用做了铺垫。

人类正式登场

大约200万年前,古猿中的一支——鲍氏古猿就学会了制造工具,因此被称作"能人",它的脑容量已由古猿的400毫升增加到700毫升,更接近人的特性,因此它也是最早的人属成员,也就是最早的原始人,人类历史由此开始。

人类进化开始后,最重要的进化

◆火的使用

"科学就在你身边"系列

峥嵘的岁月——动物进化史

就是脑的进化,脑容量的增加是人类进化的一个明显标志。人类的崛起不是靠尖牙利齿和速度、力量,而是靠智慧,脑容量的大小直接关系到智商的高低。"能人"已经有了较高的智商,因此得以走出非洲,开始在全世界传播开来,到大约100万年前,演化出了直立人,例如中国陕西蓝田发现的蓝田直立人,脑容量为780毫升;北京周口店发现的北京直立人,距今有20到50万年,脑容量为1089毫升。

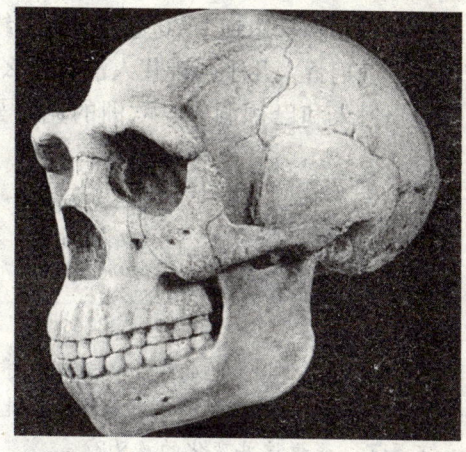

◆北京人头骨化石

到了30万年前,直立人进化成拥有更大脑量的早期智人。早期智人在世界各地均有发现,例如欧洲的早期智人尼安德特人,时间大约是4万到20万

◆人类的演化历程

40亿年的风雨历程

年前，平均脑量达到 1500 毫升。到大约 5 万年前，早期智人被晚期智人所取代，晚期智人几乎与现代人没有什么两样，著名的晚期智人有非洲的弗洛里斯巴人和巴德洞人，欧洲的克罗马侬人，中国北京周口店的山顶洞人等。

拓展思考

1. 为什么将大脑的进化作为人类进化的一个标准？
2. 人类在漫长的进化过程中，发生了许许多多的变化，例如身上的毛不见了，说说这些变化的意义？
3. 火的使用为什么对人类进化非常重要？

动物进化

偶然的巧合

——动物进化路上的转折

人类历史的发展可谓是一波三折，每一项重大的发明都会带来社会的革命性变化，例如火药的发明改变了战争的形式，蒸汽机的发明导致了工业革命，电脑的出现将人类带入信息化时代，这些例子不胜枚举。就像人类的发展历史一样，动物进化也有许多转折点，这些转折都是建立在一个新器官的"发明"上，或某些新的行为方式出现的基础上的，在接下来的几节中，将介绍几个动物进化中的重大转折。

偶然的巧合

——对古老艺术的革新

偶然的巧合——动物进化路上的转折

DONGWU JINHUA

麻雀虽小五脏俱全——鞭毛虫

鞭毛虫是单细胞原生动物门中的一种。它的形态很特别，有一根或多根鞭毛，用于运动，身体表面披着一层坚硬的肽聚糖外衣，起保护作用，其内部就是柔软的细胞体。这么一个小小的细胞是如何生存的呢？要知道，麻雀虽小、五脏俱全，鞭毛虫也自有它的生存之道。

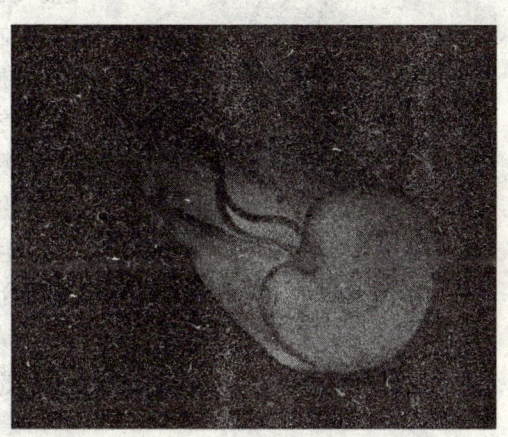
◆鞭毛虫

动物进化

最早的鞭毛虫

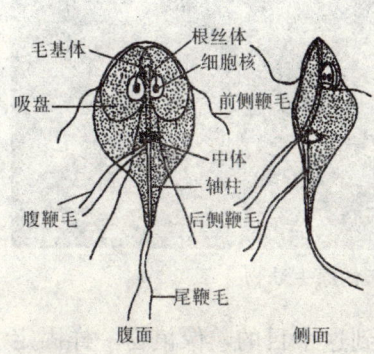
◆蓝氏贾第鞭毛虫

鞭毛虫总共可分为两个纲，即植鞭毛虫纲和动鞭毛虫纲。虽然同属鞭毛虫，但它们一个是植物，一个是动物。它们分别向不同的方向进化，最终形成了今天的动植物界。因为我们是讲动物进化，所以现在以动鞭毛虫纲中的鞭毛虫为例，来说明单细胞动物在动物进化史上的重要意义。

鞭毛虫虽然只是单细胞生物，需要借助显微镜才能观察得到，但其结构却是非常复杂的，与像我们人类一样的高等动物相比，它们具有类似我们的各种"器官"。之所以将动鞭毛虫称作动物，是因为它没有叶绿体，最重要的还

"科学就在你身边"系列 · 55 ·

SISHI YINIAN DE
FENGYU LICHENG

40亿年的风雨历程

动物进化

◆植鞭毛虫

因为它能够凭借这鞭毛在水中自由地游动，所以鞭毛就相当于它的运动器官。鞭毛虫通过食物泡的方式吞噬食物，经消化吸收后，再通过胞吐作用将食物残渣排出体外，这就相当于我们的消化系统。线粒体可以为鞭毛虫提供能量，所以线粒体可以看作是它的供能系统。另外，鞭毛虫的细胞核和各种细胞器跟我们人类的细胞都差不多，功能也是一样的。鞭毛虫结构之复杂，超过了我们身体上的任何一个细胞，毕竟它是一个细胞在生活，而我们人体是无数的细胞在协同合作。

鞭毛虫的意义

正是因为类似鞭毛虫的一些原生动物，经过亿万年的进化，逐渐完善着细胞的结构，才使得后来的多细胞生物得以出现和发展壮大。可以说，动物界的进化是从这小小的鞭毛虫开始的，它是地球上所有动物的鼻祖。

鞭毛虫以后的动物都继承了它的生存模式，即运动和进食。动物之所以区别于植物，就是因为它不能自己制造有机物，必须

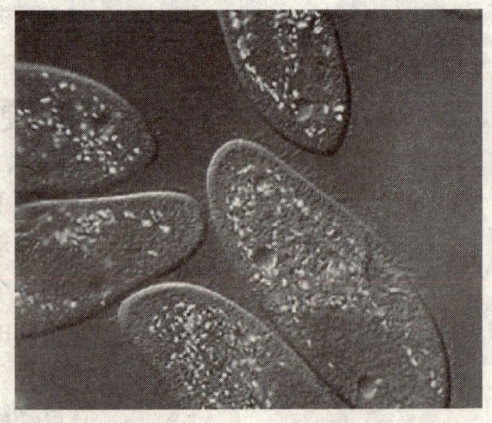

◆休眠千年的原生动物

从其他生物体——植物或动物中摄取。要达到这个目的，像植物一样固定在原地不动肯定是不行的，所以动物都有一个共同的特性，那就是可以运动。

偶然的巧合——动物进化路上的转折

DONGWU
JINHUA

链接：千姿百态的原生动物

像鞭毛虫一样的原生动物的生命力极强。2006年，在俄罗斯西伯利亚地区冻土层中发现一些冷冻状态下休眠了数千年的原生动物这些小生物的生命力令我们惊叹，又令科学家们大惑不解，这些小小的细胞是如何在如此极端的环境下保持着生命力的？

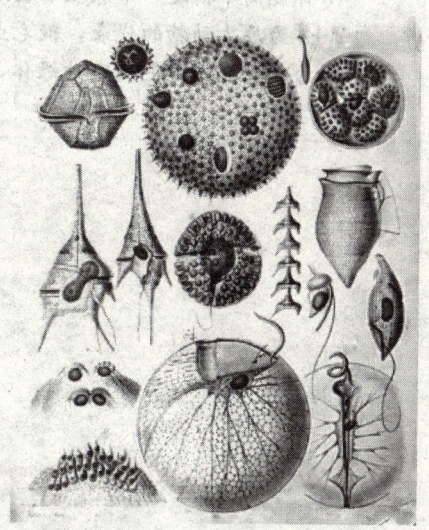

◆千姿百态的原生动物

动物进化

知识窗

鞭毛虫不仅仅是一种动物，而且是一个大类，其中有单个的，有群体的，有自由生活的，有寄生生活的，它们形态各异，千差万别，但都有一个共同的特征，那就是有鞭毛，可以运动。对于有些单细胞植物来说，它们也有鞭毛可以运动，但因为只要呆在有光的地方就能生存，所以植鞭毛虫在以后的进化过程中鞭毛退化，并最终成为今天的固定生长的植物。

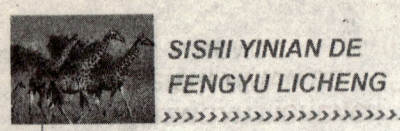

40亿年的风雨历程

拓展思考

1. 你能简单描述一下原生动物所共有的细胞结构吗?
2. 作为原生动物的代表,鞭毛虫是如何进食、运动,如何繁育后代的?
3. 为什么有的鞭毛虫有叶绿体,而有的单细胞植物还有鞭毛这种运动"器官"?

动物进化

偶然的巧合——动物进化路上的转折

DONGWU JINHUA

简单但艰难的一步
——细胞的分化

生命是一个合作的过程，即使是最简单的原核细菌，其细胞也有着各种功能成分，细胞膜将细胞质与外界隔离，DNA扮演着遗传物质的角色，核糖体和mRNA制造各种蛋白质。这些功能部分有条不紊地为整个细胞的生命活动服务着。对于一个多细胞生物来说，要维持这么复杂的一个有机体，一种细胞肯定是不行的，它需要各种不同功能的细胞来协作，共同完成生命活动。多细胞

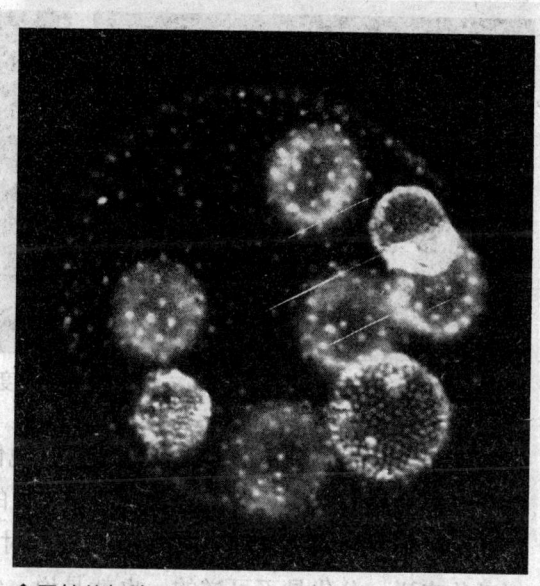

◆原始的细胞团

生命的各种细胞是怎么来的呢？它是通过一个细胞分化后最终形成的。这里的"分化"就是单细胞到多细胞的关键。可以说细胞分化让生物界发生了翻天覆地的变化。那么，动物的细胞是如何开始分化的呢？

什么是细胞分化？

要了解细胞分化，得先了解一下细胞分化的概念。在个体发育中，把细胞后代在形态结构和功能上发生稳定性差异的过程，称为细胞分化。我们都知道原始的单细胞动物有的是以细胞团的形式存在的，这些细胞团可以通过相互之间的融合形成新的细胞，但这并不能说跟分化有什么关系。

SISHI YINIAN DE FENGYU LICHENG
40亿年的风雨历程

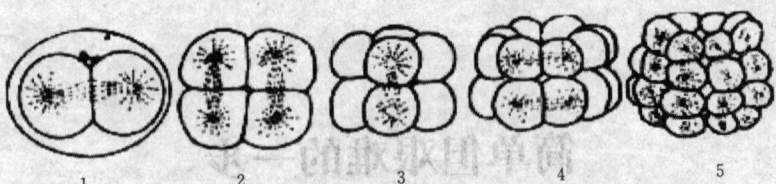

◆分化：1. 二细胞期 2. 四细胞期 3. 八细胞期 4. 十六细胞期 5. 三十二细胞期

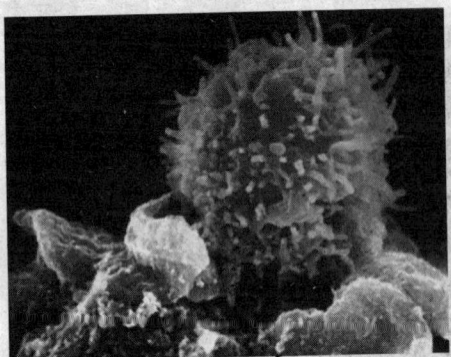

◆干细胞

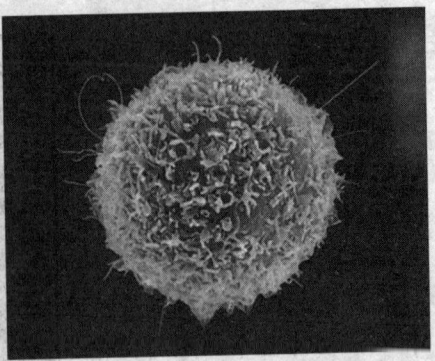

◆高度分化的细胞——T细胞

动物进化

目前细胞分化的起源仍为科学家们不解，他们提出了许多假说来说明细胞分化形成的原因，但这些假说很难找到有力的证据。

现代生物学的分支——发育生物学，对细胞分化进行了深入的研究。对动物来说，分化是不可逆的。也就是说，经过高度分化的细胞不能再变回原来具有分化能力的细胞。我们都知道高等动物都是由一颗受精卵发育而来，受精卵就是一颗分化能力最强的细胞。由受精卵分化成各种干细胞，干细胞是一种具有一定分化能力的细胞。如我们人类的造血干细胞，在人的一生中，造血干细胞会一直进行分化，不断产生各种血细胞（B细胞、T细胞、红细胞等）。

细胞分化机制

对于一个人体来说，其细胞大小不一，形态各异，但它们的遗传物质都是一样的，都是由一套基因控制的。但为什么各种细胞会表现出不同的

偶然的巧合——动物进化路上的转折

形态特征呢?答案得从发育过程中寻找。在人类胚胎发育的过程中,细胞与细胞之间并不是孤立生长的,它们都是有联系的。这些细胞能够产生一些信号物质,告诉周围的细胞应该怎样生长,例如在眼的发育初期,将手上的细胞移植到眼部,原先手上的细胞就会分化发育成眼睛,而不是手,因为在发育过程中,前脑部分的细胞能产生一种信号,告诉它附近的细胞,"你应该分化成眼"。所以细胞要分化成什么组织,完全看它分化时所处的位置。

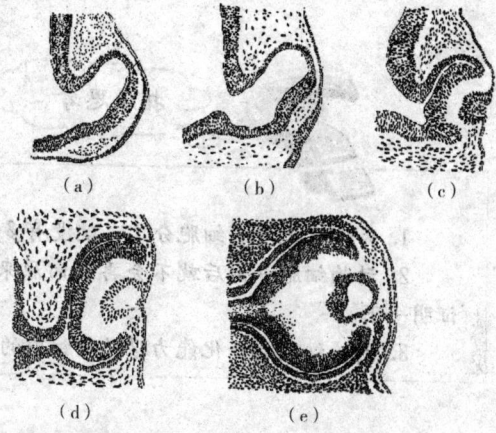

◆眼睛的形成示意图

想一想

人与鲸大小比较

◆蓝鲸有多少细胞

一个重70千克的成人的细胞总数有60万亿个,而人类还不算动物界中的大个子,现今世界上最大的动物蓝鲸,体重为170吨,一吨等于1000千克,那么一头蓝鲸的细胞的个数将是多少?

SISHI YINIAN DE FENGYU LICHENG
40亿年的风雨历程

拓展思考

1. 为什么说没有细胞分化，就没有多细胞生物？
2. 动物细胞分化后就不会再变回原来的样子，这样说对吗？举个例子证明一下。
3. 动物细胞的分化能力跟植物细胞的分化能力有什么区别？

动物进化

偶然的巧合——动物进化路上的转折

一个原子的辉煌成就——Ca

我们知道，原始的动物门类繁多，有原生动物、海绵动物、腔肠动物、扁形动物等，它们都有一个特点，那就是都没有骨骼。骨骼是动物进化史上一个伟大的产物，具有不可替代的重要作用。而要谈骨骼的进化，我们不得不提到一个原子——Ca，因为钙是我们骨骼中常见的主要金属元素，在骨骼的进化历程中，它功不可没。

◆Ca原子

骨骼的进化历程

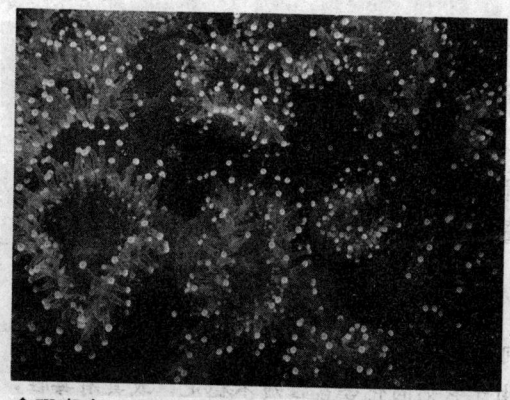
◆珊瑚虫

骨骼的进化分为几个阶段，外骨骼的进化和内骨骼的进化。外骨骼的进化是从什么动物开始的，现在很难下定论，因为在寒武纪生物大爆发时期，短短几百万年时间内，这些原始的门类几乎同时出现。据推测，外骨骼的进化是从软体动物开始的，例如今天的有壳贝类，它们从柔软的身

40亿年的风雨历程

◆各种各样的贝壳

◆甲虫坚硬的外骨骼

体表面分泌一种钙盐——碳酸钙和少量的贝壳素，这些物质在身体外面沉积，形成一层坚硬的外壳，即我们见到的贝壳。然而像珊瑚这样的腔肠动物是比软体动物更低等的动物，也能向体外分泌碳酸钙，形成珊瑚礁。但由于珊瑚出现得比有壳类软体动物晚，所以一般认为外骨骼的进化是从软体动物开始的。

将外骨骼运用到极限的动物还是我们熟知的节肢动物，特别是昆虫。昆虫角质壳中有钙盐的沉积，但它创造性地在骨骼中加入了一种物质——几丁质，这种物质是一种含氮多糖聚合的高分子，具有韧性，这一刚一韧，使得昆虫的外骨骼变得非常结实而不易破碎。

❓ 为什么动物会选择钙盐作为其骨骼的主要成分？

为什么动物会选择钙盐作为其骨骼的主要成分，为什么不选择铁盐或其他更加坚硬的矿物盐类呢？这主要还得看我们地球上的物质环境和各种矿物盐自身的化学性质，地壳中元素含量排名分别为：氧，48.60%；硅，26.30%；铝，7.73%；铁，4.75%；钙，3.45%；钠，2.74%；钾，2.47%；镁，2.00%；氢，0.76%；其他，1.20%。我们可以看出钙在地壳中含量排第五，含量相当丰富。虽然铁和铝含量更高一些，但由于它们的化合盐性质不稳定，或具有毒性，而不能作为骨骼的成分。

偶然的巧合——动物进化路上的转折

DONGWU JINHUA

内骨骼的进化

内骨骼的进化是从棘皮动物开始的，棘皮动物是无脊椎动物中最高等的一个门类，它能在身体中胚层产生一些骨片，这些骨片穿过体壁形成棘刺，这就是棘皮动物名字的由来。

鱼类大约在5亿年前出现，这标志着脊椎动物的出现。脊椎是一根贯穿全身的骨头，这根骨头有软骨，有硬骨。软骨脊椎主要成分为胶原蛋白，它的含钙量很少，因此韧性非常大；硬骨脊椎含有磷酸钙，是非常坚硬的一种骨骼。在生存竞争中，软骨鱼类逐渐失去优势，最终被淘汰，只剩下鲨鱼还保留着软骨。硬骨得到了发展并跟随两栖类爬上陆地，所以今天所有的陆地脊椎动物都是硬骨的，可见钙这个原子的作用是多么的巨大。

◆棘皮动物——海参

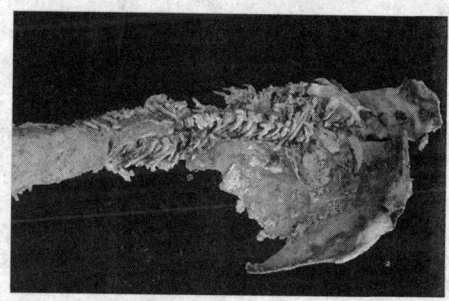
◆4亿年前鱼骨化石

动物进化

想 一 想

想象一下如果没有骨骼，现在的地球将是一个什么样的景象？陆地上可能还没有动物涉足，因为没有骨骼的支撑。在水中，水的浮力可以抵消一部分的重力，但在陆地上就不一样了，软体动物轻则寸步难移，重则被自身重力挤压致死。

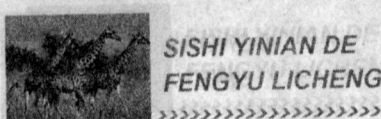

40亿年的风雨历程

拓展思考

1. 按照进化的顺序，骨骼为什么要从外向内进化呢？
2. 骨骼分为软骨和硬骨，它们成分不同，具有的优势也不同，你能说出它们各自的优势吗？
3. 你能说出我们手指甲和脚趾甲的主要成分是什么吗？

动物进化

偶然的巧合——动物进化路上的转折

DONGWU JINHUA

上帝的杰作——有性生殖

谈进化，我们不得不说到有性生殖，有性生殖在进化史上具有重要的意义——它加速了生物进化的进程。在地球生命演化历程的将近40亿年中，前30多亿年生命都是停留在无性生殖阶段，都是通过二分裂的方式进行繁殖的，这种繁殖方式使得生物进化缓慢；后10亿年左右进化速度才慢慢加快，直到寒武纪生物大爆发，再到现在，有性生殖在进化上都扮演着重要角色。

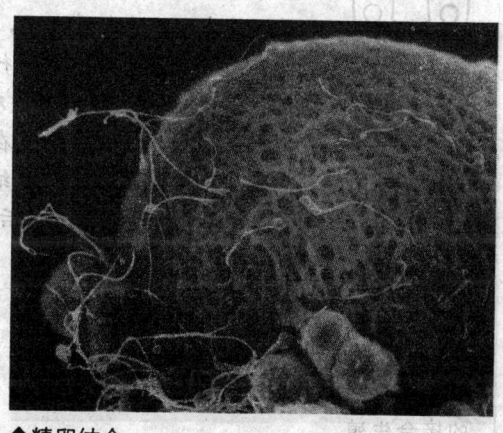

◆精卵结合

有性生殖的起源

◆昆虫交尾

我们讲有性生殖出现的时间在10亿年前，是因为在澳大利亚中部的苦泉燧石中，发现了植物减数分裂产生的四分孢子化石，而这里岩层的年龄约为10亿年。但这里发现的有性生殖的证据是有关植物的，具体到动物有性生殖出现的时间，科学家们只能进行推测。一般认为，在动植物开始分化

SISHI YINIAN DE FENGYU LICHENG
40亿年的风雨历程

之前，有性生殖就已经出现。

万花筒

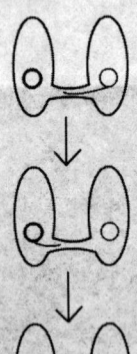

◆大肠杆菌的接合生殖示意图

单细胞生物进行有性生殖似乎很难想象，其实无论是单细胞还是多细胞的有性生殖，都是通过生殖细胞的结合来实现的。通常二倍体细胞会进行减数分裂产生单倍体，单倍体通过结合产生新的二倍体。对于单细胞生物有性生殖来说，它们也进行减数分裂，只是在结合时是由个体直接进行，这种生殖称为接合生殖。而多细胞生物是先形成配子，雌雄配子结合后形成合子，合子最后发育成为新个体。

动物进化

有性生殖的意义

◆工蜂

有性生殖产生后，对动物的影响远远大于对植物的影响。因为动物需要进食，所以动物界广泛存在着激烈的竞争。而有性生殖可以将物种中的基因自由组合，产生各种变异，然后在自然选择下，淘汰不利的变异，留下有益的变异，从而增加物种生存的机会。

有性生殖产生的变异，对

偶然的巧合——动物进化路上的转折

DONGWU
JINHUA

于某个个体来说也许是不利的，但对于整个物种来说，是有利的，它可以保留各种各样的基因，不至于像无性生殖那样一个个体死去，它的全套基因都会丢失。正是由于能够保证物种基因的多样性，才增加了物种的适应能力。

有性生殖的意义还在于，物种中某个基因在不能适应环境要求的时候，带有此基因的个体就会灭绝，而其他个体则会继续生活下去，经过多代的选择，物种就会和以前有很大不同，这就产生了进化。

你知道吗？

有性生殖的前提是染色体套数必须是偶数倍数目，即二倍、四倍、六倍等，否则就会出现不育的现象。在动物中大多数都是二倍体，只有某些昆虫是单倍体，例如蜜蜂，工蜂就是蜂王产的卵没有经过受精直接发育而成的，所以工蜂高度不育，而且寿命极短。

性行为的进化

性选择是影响性行为进化的主要因素，性选择指与性别相联系的动物的形态结构与行为特征等方面的进化压力来自异性之间的相互选择。那些受异性偏爱的特征保存下来，而不易引起异性注意或喜爱的特征则被淘汰。因此，性选择是一种特殊的自然选择，一般情况下，指雌性选择雄性。

◆雄性孔雀的尾羽跟雌性选择有关

性行为的进化同时还受到其他方面因素的影响，例如光照、温度、湿度等因素，动物迁徙、群体结构等方面也影响着性行为的进化。例如，动物一般只在一年当中的某个季

动物进化

SISHI YINIAN DE FENGYU LICHENG
40亿年的风雨历程

节进行繁殖，许多种鸟类都有迁徙繁殖的现象，鱼类也进行洄游繁殖，性行为在维持群体关系中起着重要的作用。

拓展思考

1. 说说有性生殖的意义？
2. 有性生殖是通过什么机制来促进动物进化的？
3. 有性生殖有那些种？举例说明。

动物进化

偶然的巧合——动物进化路上的转折

DONGWU JINHUA

脊索动物之父——鱼类

在进化史上有一个物种非常特殊。今天地球上生存的高等动物中，有一大部分是有脊椎类动物。研究这些动物，无论是它们的各种器官，还是它们的遗传物质，都可以追溯到那一类物种，它就是鱼类。因为它最先进化出脊索，所以我们叫它脊索动物之父。

◆鱼类

动物进化

无颌鱼类

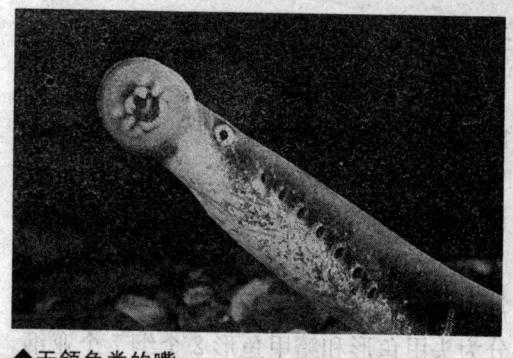
◆无颌鱼类的嘴

鱼类是最早的脊椎动物，但鱼类中最早出现的是无颌鱼类，在进化位置上应该比真正最早的鱼类还原始。它们没有上下颌，摄食方法是将含有微小动物和沉积物的水吸入口中，多数生活在水里，因为身体像鱼形动物，被称为无颌类，在动物分类上被统归于鱼形总目的无颌纲。

今天，大部分无颌鱼类已经灭绝，只有七鳃鳗亚纲和盲鳗亚纲为现生种类。无颌鱼类的嘴很宽，头的边缘长着奇怪的骨板，也许这些骨板是发

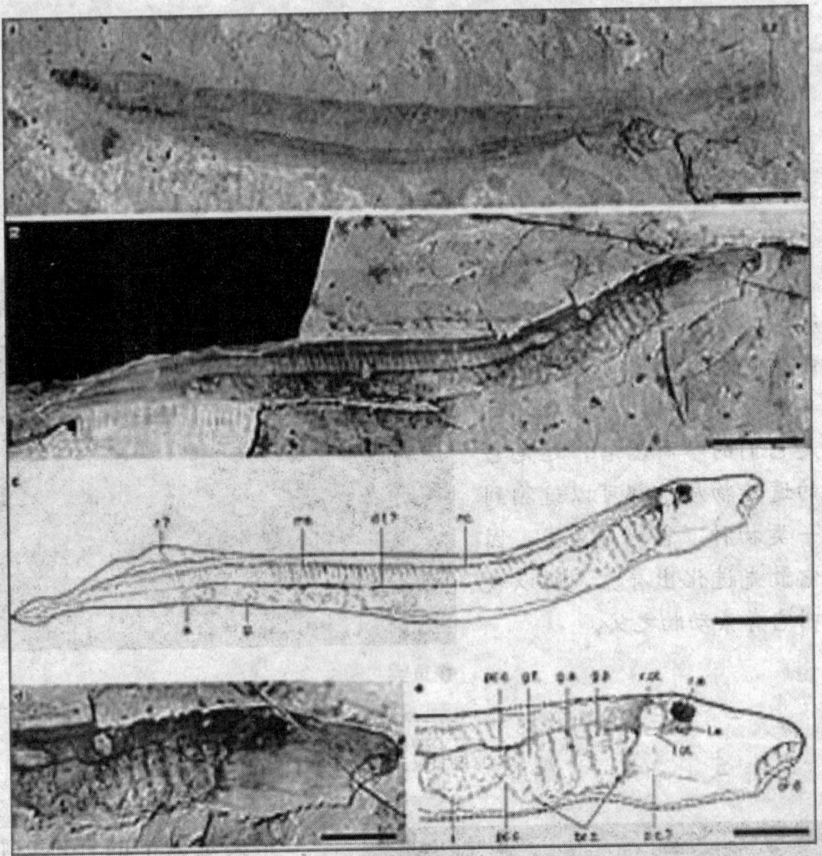

SISHI YINIAN DE FENGYU LICHENG
40亿年的风雨历程

◆最早的无颌鱼类——七鳃鳗化石

电器官，用来感觉距离或电击捕食动物。因为没有颌骨，所以无颌鱼类常被鱼类学家合称为圆口纲；用鳃呼吸并以鳍作为运动器官，与其他脊椎动物不同，不具颌，故称无颌类。其内耳只有两对或一对半规管。无颌类多无偶鳍或只有胸鳍。

无颌类的分类极不一致，通常作为一个纲，再分为2个亚纲，但有些古生物学家将其提升为超纲，再分为头甲鱼形和鳍甲鱼形2个纲7个亚纲。因完全缺少硬骨组织，故化石很少。无颌鱼类繁盛于晚志留世至早泥盆世，随着泥盆纪结束而灭绝。下表是它的分类。

偶然的巧合——动物进化路上的转折

无颌鱼类的几个类群

亚纲	描述
骨甲鱼亚纲	是化石无颌类中了解最好的一个亚纲。头区包裹在形同拖鞋的头甲中，骨甲具骨细胞，故得名。一对眼孔在头甲背面彼此离得很近，中间被松果孔分开。松果孔之前乃是纵长的哑铃状鼻垂体孔。头甲两侧具成对的称为侧区的凹陷带，其上覆以镶嵌起来的小骨片；眼孔之后有一与之相似的中区，这些区与感觉有关。躯干和尾部披有肋状鳞，向后延伸为上歪尾。头甲后缘着生一对胸鳍，全部覆以鳞片而不具鳍条，此外尚有两个背鳍。该亚纲种类繁多，主要分布于欧洲、北美及北极地区；从晚志留世延续到晚泥盆世。
缺甲鱼亚纲	体形小的头甲鱼形类，体长不超过15厘米。体呈长纺锤形而侧扁。头部覆以小骨片，口端位，和七鳃鳗、骨甲鱼类一样，头顶只一个单一的鼻垂孔和松果孔。鳞片狭长，体侧上方的鳞片与下方的鳞片组成开口向后的V形，反映其肌节像头索动物那样呈V形，而不是鱼类和圆口类的W形。尾为下歪形，只有侧鳍，未有胸、腹鳍的分化。有些种类，骨片和鳞片均不发育，甚至裸露。缺甲鱼类主要分布于欧洲和北美的晚志留世和早泥盆世地层中，在中国曾报道发现于川东南晚志留世，标本保存差，尚待进一步研究。
盔甲鱼亚纲	头区背面覆盖有一块背甲，类似骨甲鱼类的头甲，但腹面则具一至两块腹甲。因松果孔封闭，所以背甲只具眼孔和一个中背孔。口孔和鳃孔类似骨甲鱼类，位于头区腹面，但鳃孔向后集中，数目变化大。鳞不发育或为方形。不具偶鳍，尾为下歪型。盔甲鱼类主要发现于中国南部，西北地区和越南也有少量发现；生存于早志留世至晚泥盆世。
异甲鱼亚纲	头区包裹在甲胄中，组成甲胄的骨片数目变化较大。基本形式是，头区背面为一件背甲，或分化为吻片、松果片及背盘；侧面则有眶片及鳃片，间或有翼状角片由后加入；腹面主要为一件腹甲，口孔腹位，在口孔与腹甲间尚有一系列小骨片。每侧鳃囊集中开口于一条总输出管，而后由该管导出，故每侧只有一个外鳃孔。背甲前缘腹面有一对凹陷，被解释为嗅囊的位置，体部披以方鳞或大的肋状鳞，尾鳍下歪，无偶鳍。生存于奥陶纪；分布于欧洲、北美两极地区及西伯利亚。
花鳞鱼亚纲	体形小的鳍甲鱼形类。包括头部，通体覆以形似盾鳞的小齿，极少有完整鱼体发现，因此对其了解极不充分。口孔端位或亚端位。眼孔侧位。除下歪尾外，尚有侧鳍。其鳞片广泛分布，是鉴定地层年代的好材料。生存于奥陶纪至泥盆纪；中国泥盆纪地层中已有发现。

有颌鱼类

◆ "棘鱼"类化石

颌的出现在脊椎动物进化史中具有重要意义，由于颌的形成，陆生脊椎动物从此能够主动、有效地捕食。棘鱼类是已知最早的有颌类脊椎动物，它们的背鳍、胸鳍、腹鳍和臀鳍的前端发育有硬棘，因而被称为"棘鱼"。棘鱼是从无颌类向有颌类进化的最早的尝试者，内骨骼已经开始骨化，具有原始的颌，一个扩大的上颌骨与发育比较完善的下颌咬合，下颌有牙，但上颌无牙。

虽然原始有颌类在泥盆纪兴盛一时，但到了泥盆纪末期，原始有颌类大部分灭绝了。取而代之的是软骨鱼类和硬骨鱼类，这些鱼类将全身的胄甲去掉了，所以它们的游泳能力加强了。并在进化过程中，颌与头部背甲融为一体，从而形成了一个坚固、有效的咀嚼器。

你知道吗？

脊椎动物颌的进化，很显然地揭示了动物在进化过程中的一个重要过程，同时也说明了颌的真正出现，会使一个类群的生活领域扩大到以往不能生活的地区。从此，鱼类得到了迅速发展。现存的鲨鱼、鳐属于软骨鱼类，而其他众多鱼类已形成一支庞大的硬骨鱼类群体。在进化的过程中，它们产生了内部的硬骨骼，在漫长的岁月中，把坚硬的胄甲变成了薄薄的鳞片，使得身体变得轻松了，从而能在水里游泳自如。

偶然的巧合——动物进化路上的转折

DONGWU
JINHUA

拓展思考

1. 除了我们的颌是从鱼类继承来的，我们身上还有哪些器官是从鱼类进化而来的？
2. 你能说一说，鱼类在进化中的重要性还表现在哪些方面吗？

动 物 进 化

SISHI YINIAN DE FENGYU LICHENG
40亿年的风雨历程

动物进化

温血优势——恒温动物

◆北极熊在冰冷的水中游泳

在上一章中，我们已经了解一些恒温动物的特点，和它们的进化优势。恒温动物又叫做温血动物，也就是体温不随着外界温度的变化而变化。恒温动物包括大部分哺乳类和所有鸟类，温度恒定范围随种类而异，一般在36℃到42℃之间，体温变化幅度也不尽相同，如鸟类的体温昼夜相差不到1℃，而哺乳动物中的鸭嘴兽体温有时候可以相差将近10℃。即使是鸭嘴兽体温变化大，其一天中平均体温也要高于环境中的温度，所以不会像爬行动物那样在环境温度降低时，活动能力变得很差。

怎样维持体温？

恒温动物活动能力强，这是众所周知的，像地上跑的速度最快的猎豹，空中的游隼，它们都有着恒定的体温。像鳄鱼一类的爬行动物，虽然也是强大捕食者，但由于活动能力差，只能采取伏击战术来攻击猎物。

那么，温血动物是如何来维持体温恒定的呢？答案就在它的各种器官

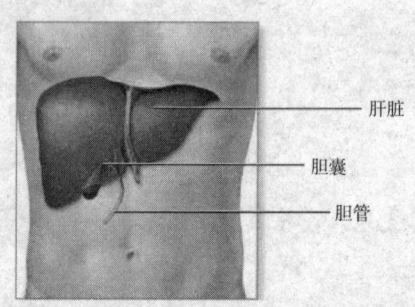

◆人有一颗大肝脏

偶然的巧合——动物进化路上的转折

DONGWU JINHUA

上，哺乳动物们都有一颗巨大的肝脏。这颗肝脏就是一个重要的产热器官，静息时，肝脏产热量占到全身产热量的20%。但最大的产热系统还是我们的肌肉，因为肌肉遍布全身，在肌肉组织里主要产热的是骨骼肌，如做运动、打寒战，都可以产生大量的热。另外一种方式就是在寒冷或紧张的时候，肾上腺分泌肾上腺素，甲状腺分泌甲状腺素，这些激素可以增强细胞代谢，产生更多的热量。例如在受到惊吓时，我们会心跳加速，并会冒冷汗。

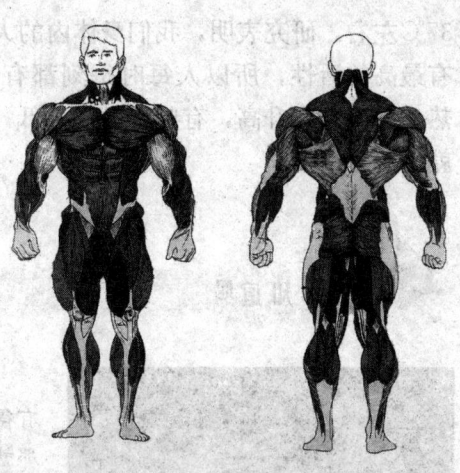

◆人的骨骼肌遍布全身

体温恒定的优势

◆酶

动物们维持体温可以增加活动能力，那么体温恒定是如何增加动物们的活动能力的呢？原来在我们的身体内部，每时每刻都进行着成千上万、不计其数的生化反应，这些反应大多是酶促反映，也就是用酶做催化剂的一种化学反应。每一种酶的活性都是有条件的，必须在一定的温度范围内，它的活性才最高，活性最高时才能有效地催化生化反应的进行。变温动物之所以在温度变化时活动能力减弱，就是因为它的体内某种酶活性随温度降低而降低了，导致与运动有关的这个生化反应就会减弱甚至停止，从而引起活动能力的下降。再看我们人类，体温基本恒定在

动物进化

40亿年的风雨历程

37℃左右，研究表明，我们身体内的大多数酶，也都是在37℃的温度下具有最高的活性，所以人每时每刻都有很强的活动能力，如果我们一旦发热，身体温度升高，有些酶活性降低，导致某些生化反应减弱，这时我们就生病了。

你知道吗

动物进化

◆冬眠的蟾蜍

任何事情都有两面性，温血动物虽然有得天独厚的优势，但体温恒定也有缺点，那就是，在外界温度与体温相差太大时，动物会失温，从而被冻僵。然而对于变温动物就不存在这个问题了，它们的体温本来就是随环境温度变化的，例如两栖动物蟾蜍，在冰封湖面的时节，它会爬到淤泥里面进行冬眠，如果天气再冷一些，将其冻在淤泥里，它仍然不会死，因为蟾蜍在结冰时会在血液和细胞里分泌一种甘油类物质，这种物质能降低水的结冰点，即使细胞和血液中的水结了冰，也不会产生很大的冰晶，不会对细胞造成伤害。当冰融化时，蟾蜍没有丝毫损伤。人类一直在追求一种冷藏技术，在人得了不治之症时可以用这种技术将其冷藏起来，等科技发展到能治疗这种病症时，再将其解冻。其实这种技术早在蟾蜍身上就已经体现出来了。

拓展思考

1. 为什么体内的生化反应需要一定的温度才能进行？
2. 我们在发抖、吃饭或受到惊吓的时候体温都会升高，这是为什么呢？
3. 一些哺乳动物也有冬眠的习惯，说说它们与蟾蜍冬眠的区别？

偶然的巧合——动物进化路上的转折

DONGWU
JINHUA

动物社会的进步
——交流与沟通

人类生活在这个世界上，生活在社会中，最离不开的就是与其他人的交流与沟通，不进行交流与沟通，我们什么事情也做不了，可见交流与沟通的重要性。动物进化着，交流沟通的方式也在进化。我们人类交流与沟通的方式很多，可以说话、听声音、写字、打手势，甚至一个眼神也可以达到交流的目的，人类的交流沟通方式是丰富多彩的。那么，其他动物是如何实现交流与沟通的呢？

◆人类的交流与沟通

交流与沟通的进化

◆蚂蚁沿着路上的记号行军

科学家无法确切地知道，交流沟通是从何时、在哪种动物身上开始的，因为这个没办法记录在化石上面。不过，对一些活化石的研究，使我们了解到，动物的交流沟通应该最早出现在昆虫身上，因为昆虫最先登上陆地，而陆地不像海洋，生存环境

"科学就在你身边"系列

SISHI YINIAN DE FENGYU LICHENG
40亿年的风雨历程

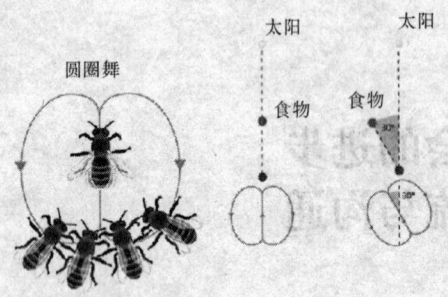

◆蜜蜂圆圈舞示意图

十分复杂，如一片区域内有很多种昆虫，昆虫体形较小，在交配季节要找到同类，就需要一种特殊的联系方式。这种方式就是激素。今天的昆虫仍沿用着这种方式，很多昆虫都长有触角，这些触角就是用来探测激素的。

蚂蚁是昆虫界的一个大家族，有人估计全球的蚂蚁重量将超过人类体重之和。我们都知道蚂蚁是群居动物，在这么大的一个群体中，个体是如何进行交流沟通的呢？原来一个蚂蚁群中大部分都是工蚁，工蚁都是由蚁后所生，它们的遗传物质都一样，都能产生同一种激素，这种激素是特异的，不同的蚁群产生的激素也不同。当工蚁发现食物时就会沿途留下它们蚁群的激素，然后回去告知其他的工蚁，并沿着此前留下的记号，最终找到食物。

对会飞的昆虫而言，激素也是一种交流方式，如蝴蝶，雌性蝴蝶释放的激素在空气中传播，在1000米外的雄性蝴蝶就能探测到，然后飞来与之交配。但一种会飞的昆虫——蜜蜂有一种更先进的沟通方式。科学家发现，蜜蜂能够跳一种圆圈舞来进行交流。蜜蜂在跳舞时，身体摇摆的方向是食物的采集地点方位，平均角度表示采集地与太阳的角度，如果食物方向正对太阳，那么蜜蜂就纵向摇摆。蜜蜂舞蹈还能表示距离，蜜蜂摇摆时间越长，说明食物地点越远，大概每多摇摆75毫秒，距离增加100米。

动物进化

 知 识 窗

自然界除了人类的那几种交流方式外，还有很多种，例如气味、次声波、超声波、舞蹈等，这些交流方式各有各的特点。我们不能妄下定论说哪种交流方式好或坏，只要这种交流方式适合动物们，方便它们进行沟通，就是好方式。

偶然的巧合——动物进化路上的转折

高等动物的交流沟通

与昆虫的交流方式不同，脊椎动物的交流方式有了新的提高，那就是声音。两栖动物进化出了脖子，并有了肺，这样就为声带的进化提供了条件，声带就在喉部出现了，动物在呼气时，气流从气管中喷出，冲击声带就能够发声了。夏天，我们在池塘边往往能听到一阵阵的蛙声，这就是蛙在相互交流。

今天的许多脊椎动物都是靠声音交流沟通的，但在哺乳动物中还有一种重要的沟通方式，那就是气味。脊椎动物很早就已经具备了嗅觉，而哺乳动物皮肤进化出了汗腺，能够分泌各种气味的汗液，通过嗅气味，同样可以进行交流沟通。例如，

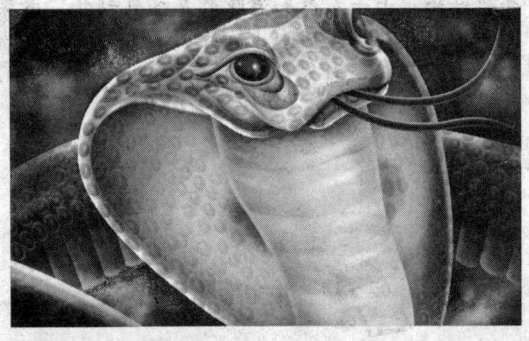

◆蛇吐出舌头探测气味

◆海豚向老虎吐泡泡问好

蛇在捕食松鼠时会追踪它的气味，能追到松鼠的窝里。北美有一种松鼠学会了躲避蛇追捕的方法，它将蛇蜕下的皮嚼碎后涂在自己的身上，这样它就有了蛇的气味，蛇闻到这种气味会以为这是同类，就不会进行追捕了。

动物进化

你知道吗

哺乳动物是运用声音的高手，蝙蝠眼睛几乎看不见，但它能发出一种超声

SISHI YINIAN DE FENGYU LICHENG
40亿年的风雨历程

波。超声波碰到同类或物体就会反射回来，被它的两只大耳朵接收，经大脑分析后它就知道这是什么了。更有趣的是海豚，它也能发出一种超声波，不过是在水中，这种超声波能穿透皮肉，经反射接收后，海豚能够"看"到其他动物的内部骨架结构。由于人类和海豚都是哺乳动物，骨架很相似，所以当有人溺水或遭到鲨鱼袭击时，海豚就会将人往水面上托或将鲨鱼赶走。海豚是一种非常聪明的动物，它们在探测到我们时可能会认为，我们是它们的近亲或朋友，所以才奋力相助。

拓展思考

1. 动物们进行交流和沟通有什么作用？
2. 我们人类的交流沟通方式有哪几种，想一想？
3. 观察一下你周围的动物都在用什么样的方式进行交流与沟通？

动物进化

风云的变幻
——各种器官的进化

在动物进化的历程中,每一次革命性的变革,都伴随着一些器官的出现或进化,如鱼类爬上陆地进化出了肺,同时肺的进化完善,导致两栖类能够深入内陆,成为完全的陆地生物——爬行类。今天我们人类有各种各样的器官,每一种器官都有其独特的功能,各种器官协同作用,维持着我们机体的正常运作,这些器官缺一不可。现在来看看我们身上的各种器官,然后开始寻找它的起源吧。

风云的变幻

——各种各样的云和雾

风云的变幻——各种器官的进化

DONGWU
JINHUA

从"感光胶片"到"单透镜相机"
——眼睛的进化(上)

　　动物界有许多种不同的眼睛,既有人眼这样的球形透明体,也有昆虫那样的复眼,可谓千姿百态,无奇不有。那么人类称之为"心灵之窗"的眼睛,起源是什么?根据仿生学原理,人们制造了单透镜相机和蝇眼相机,但究竟哪一种"相机"更先进一些呢?

◆子弹穿过苹果瞬间

动物进化

眼睛的起源

◆水母触角根部一圈有感光细胞

　　眼睛,是动物最重要的器官之一。它的出现有力地促进了捕食行为的发生,因为猎手只有看到猎物才能更好地进行捕食。捕食这种行为本身又直接促进了动物之间的生存竞争,使生物进化的脚步迅速加快起来。说起最早的眼睛,我们可以追溯到5亿年前的海洋。经过30多亿年的进化,动物终

SISHI YINIAN DE
FENGYU LICHENG

40亿年的风雨历程

于有了较大的发展，但那时的海洋中仍只有一些像今天的水母这样的简单生命体。然而最早的眼睛——"感光胶片"就是在这种透明的小生命体上出现的。生物学家对一种冠状水母的研究表明，在其身体四周已经有一些感光的小点。用不同颜色的光进行照射，水母会做出各种反应，这就是"感光胶片"的原型。

 小实验

找一只水母，放在黑暗房间的玻璃鱼缸内，然后用绿光照射，水母会放松下来，沉入水底，用紫光照射，水母会缩短触手迅速游动起来。这是因为紫光波长很短，对生物体，特别是对这种透明的没有保护组织的生物有很大的伤害作用，而在海洋中，绿光是最常见的光，水母的"眼睛"会告诉它，这是家，很安全。

动物进化

昆虫的复眼

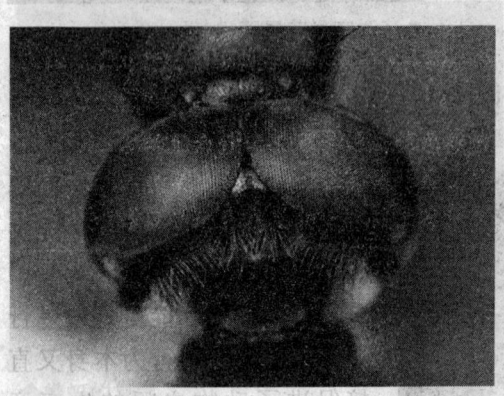

◆蜻蜓的复眼

仅有感光物质是无法成像的，正如只有胶片无法照相一样，而最早用"眼睛"来记录这个世界的动物就是一个传奇性的物种——三叶虫。经过漫长的进化，三叶虫能从体内分泌一种矿物质，在体表结晶形成外壳，并在头部形成一双多孔的蜂窝状突起，这就是三叶虫的复眼，而形成这种眼睛的矿物质就是碳酸钙——一种岩石的主要成分。

虽然我们无法得知三叶虫眼中的世界是什么样子的，但三叶虫的复眼已经相当完善，它和现代昆虫的复眼非常类似。由此我们可以推断，昆虫的复眼就是从三叶虫的复眼进化而来，因为它们无论从外形还是从成分上

风云的变幻——各种器官的进化

看，都如此地相似。现代昆虫的复眼经过了自然选择的洗礼，被证明是完美的，这是大自然的一大杰作。昆虫的复眼看似简单，其实不然。在常见的昆虫中，尤以苍蝇和蜻蜓的复眼最为精密，它们能够准确捕获到高速运动的物体。特别是蜻蜓，飞行时最高时速可达60千米，在高速飞行状态下捕食，没有一件这样精密的"仪器"是不行的。

◆昆虫眼睛显微照片

高等动物的眼睛

与昆虫的复眼相比，高等脊椎动物的眼睛或许更加精密一些。昆虫的眼是个硬邦邦的"石头球"，而高等动物的眼睛却无比的娇嫩，这种"单透镜相机"与高等脊椎动物发达的大脑相连，大多深陷在眼窝中。脊椎动物是高等动物，其眼睛的进化并不和昆虫一脉相承，从它们的特征上看不到一点类似的地方。那么高等动物的眼睛是怎样进化来的呢？这个还有待考究，现在比较统一的说法是，在最初的时候，某些动物眼的部位仅有两块感光面，

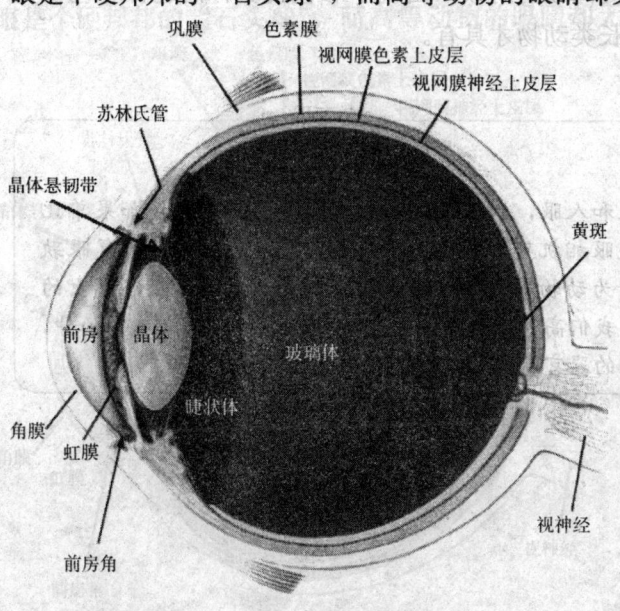

◆人眼球结构图

"科学就在你身边"系列

SISHI YINIAN DE FENGYU LICHENG

40亿年的风雨历程

◆鱼眼已经能看到一些物体，如水面花瓣

后来感光面逐渐凹陷，形成眼窝，并由一些新进化出来的眼组织（玻璃体、晶状体、眼角膜等）覆盖，最终形成了现在的眼睛，而原先的感光面则成为眼睛的视网膜。

高等动物的眼睛最早出现在鱼类身上。这种只有脊椎动物才有的全新器官，具有更加完美的成像特性，它可以将整幅画面完整地呈现，并交给大脑进行处理。随着大脑的进化，图像处理能力的提升，这种"单透镜相机"的优势越来越明显，它不但可以识别物体的大小和形状，随着双眼视力的出现，它还可以呈现物体的深度，即识别物体的远近程度，特别是大脑进化到更高级的时候，出现了彩色视觉，而这种彩色视觉只有我们人类和一些灵长类动物才具有。

动物进化

万花筒

人们根据昆虫复眼和人眼，制造了蝇眼相机和单透镜相机，如果单比较这两种相机的话，蝇眼相机可能要更先进一些，但要比较眼睛和复眼孰优孰劣就不好说了，因为动物界最适合的就是最好的，复眼适应了昆虫的生存需求，眼睛适应了我们高等动物复杂的生活习性，所以两者不分伯仲，都是动物界进化最成功的器官。

风云的变幻——各种器官的进化

DONGWU JINHUA

几种高等动物眼中的世界

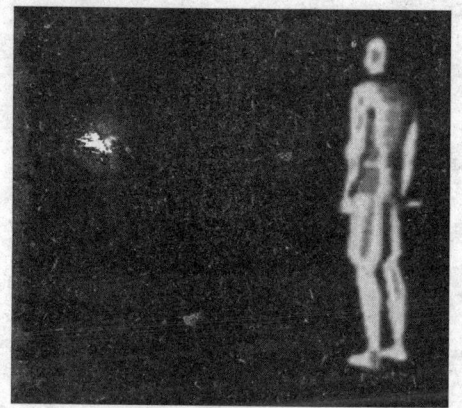

◆蛇的世界（红外感知）

◆猫和狗具有夜视能力

动物进化

◆鸟类眼中的世界（五色光谱带）

SISHI YINIAN DE
FENGYU LICHENG

40亿年的风雨历程

拓展思考

1. 眼睛是我们最重要的一个器官，我们感知世界很大一部分都是靠它来完成，请描述一下它的结构。
2. 没有光线，动物眼睛能看到东西吗？举个例子。
3. 说说昆虫复眼和人眼的区别。

动物进化

风云的变幻——各种器官的进化

DONGWU
JINHUA

从"感光胶片"到"单透镜相机"
——眼睛的进化（下）

近年来，3D 电影、3D 荧幕、3D 屏幕等逐渐进入我们的视线，越来越受到影迷们的青睐。然而你知道 3D 中的奥秘吗？这和我们的眼睛有关。你想过人眼为什么长在头的正前方，而鱼、兔子等一些动物的眼睛却长在头的两边吗？眼睛长在什么地方，跟动物们的生存息息相关。现在就来解开高等动物眼睛之谜。

◆美国总统奥巴马在观看 3D 电影

3D 电影

我们人的眼睛长在头的正前方，视角接近 180 度，双眼视角平均达到 120 度，这有什么用呢？首先，双眼视角是两只眼睛能同时看到同一物体时，物体所能够处在的角度范围。然而两只眼睛不在同一位置，所成的图像也有差别，因此两幅图像被送到大脑经视觉中枢处理后，便可形成一幅三维立体的图像，即视觉有了深度，这就是 3D 的原理。拍电影时两台装有两片相互垂直的偏振滤光片的摄像机同时工作，从类似人类双眼的角度记录下画面，然后观看时，观众带相应的偏振片即可实现左眼只接受左摄像机摄录的画面，右眼只接受右摄像机摄录的画面，实现实景再现。

动物进化

"科学就在你身边"系列

SISHI YINIAN DE
FENGYU LICHENG

40亿年的风雨历程

知识窗

为什么高等动物包括很多低等动物，都是两只眼睛呢？这个问题一直困扰着许多人，直到今天也不能做出一个统一的结论来，像眼睛一样，我们人体很多器官都是成双成对的，而且都是对称结构，如双手、耳朵和鼻孔等等，这可能和动物进化之初的某些随机因素有关，但无论是什么原因，这种对称结构确实很实用，所以被保留了下来。

双眼视力的应用

◆猫头鹰的眼睛在正前方

◆兔子的眼睛

◆兔看不到双眼中间的区域

也许你会震撼于3D电影的画面，其实这里面的原理很简单，就是双眼视力。这不得不感谢我们的眼睛长在头的正前方，但你有没有想过这是为什么？兔子的眼睛长在头两边，具有360度的视野，能够看到身后的物体，这岂不是更好？但是兔子也因此丧失了双眼视力。看来，视觉的深

风云的变幻——各种器官的进化

DONGWU JINHUA

度和广度似乎是一对不可调和的矛盾。那么，这一对矛盾中包含怎样的进化原理呢？

任何一种器官的进化都是有它的用途的，正所谓适者生存。兔子的祖先野兔，要逃避各种捕食者的捕食，必须要能很好地发现敌人，所以眼睛长得靠前方便不能更好地发现身后敌人，因而

◆变色龙的眼睛

逐渐被淘汰了，剩下的都是眼睛长在头两边的。而人类的祖先——猿，原先生活在树上，在树间跳跃攀爬，必须有一个能判断距离的视觉，否则很容易从树上掉下来，所以经过自然的选择，人类的眼睛长在了头的正前方。

动物进化

 你知道吗？

从动物捕食的角度来看，一般情况下，捕食者的眼睛都是长在头的正前方，以便判断距离和速度，被捕食者的眼睛都靠近两侧，以提供更加大的视野，以便及时发现危险。然而有种动物却将两者结合了起来，视觉和视角这一对矛盾巧妙地被解决了，这就是"变色龙"，它的眼球突出在外，并可灵活转动，既可同时朝前看，又可同时向两侧看，这使它成为一个进化的极品。

拓展思考

1. 你知道看3D电影时戴的眼镜有什么作用吗？
2. 请在日常生活中多留意一些眼睛的作用，比如目测一下距离，想一想这跟双眼视野有什么关系。
3. 想一想除了人类还有什么动物具有双眼视野？

"科学就在你身边"系列

40亿年的风雨历程

从"无声无息"到"天籁之音"
——听觉的进化

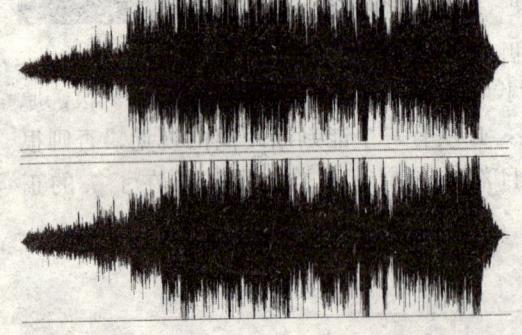

◆声波

相对于眼睛来说,耳的结构和功能可能要稍逊一筹,它的结构没有眼睛那么精密,但它对于动物来说却是必不可少的。因为在地球上许多地方是没有光线或者光线很暗,例如深海和地下,在这些地方,眼睛是没有实际意义的,所以听觉就变得非常重要。

耳的结构

要了解耳的进化,就要先了解一下耳的结构,现在哺乳动物的耳主要包括外耳、中耳、内耳三部分,以人的耳为例(如图),它的组成包括耳廓、外耳道、鼓膜、听小骨、耳蜗等。

耳廓,我们再熟悉不过了,我们每个人都有,它和外耳道合称为外耳;外耳和内耳中间隔着一层半透明的角质薄膜,这就是鼓膜,鼓膜固定在它旁边的听小骨上,它们连同鼓室被称作中

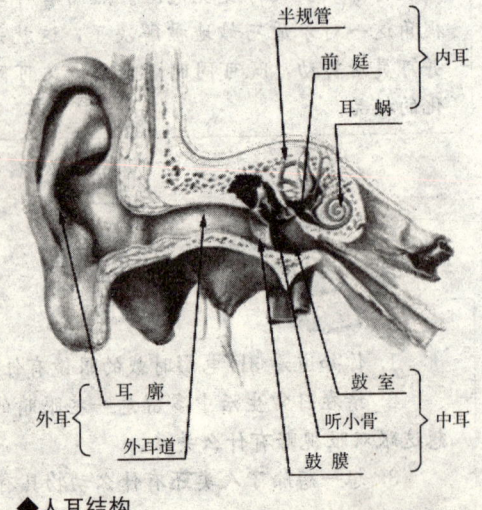

◆人耳结构

风云的变幻——各种器官的进化

DONGWU JINHUA

耳；鼓膜接受声波产生振动，然后再传递给听小骨，听小骨跟内耳相连，并将振动传递给内耳，内耳将振动波转换成神经信号再传到大脑，我们由此感知到声音。

知识窗

我们的耳不仅仅局限于听觉，它还和眼睛配合着能产生位觉，对于一个盲人来说他能感觉到自己行走的速度、身体转向等，这都是因为耳的存在。所以我们的耳是不可或缺的。

耳的进化

耳在最早的时候只有内耳，而且也不是用来听声音的，而是一种平衡器官，后来进化出的软骨鱼类具备更加复杂的内耳，包括椭圆囊、球状囊和半规管，具有了一定的听力。所以听觉是从软骨鱼类开始才具有的。硬骨鱼类进化出了耳壶，但仍没有鼓膜，只能感受到水中1000赫兹以下的声波。两栖类是最早产生鼓膜的动物，因为在水中压力比在陆地上大，鼓膜容易破裂，所以鼓膜的进化是在陆地上才产生的，鼓膜的产生标志着中耳出现了。

两栖动物的鼓膜在皮肤表面，容易受到损害。到了爬行动物出现后，耳有了进一步的发展，如蜥蜴的鼓膜已经开始内陷，形成了外耳

◆鱼的耳藏在颅腔内而看不到

◆蜥蜴外耳

动物进化

SISHI YINIAN DE FENGYU LICHENG
40亿年的风雨历程

道的雏形。恐龙的听觉已经非常发达，但它没有耳廓，这使得恐龙的头部看着有些"单调"。我们哺乳类的耳达到了高度的完善，并进化出各种各样形状的外耳，鼓膜也深陷到颅腔内部，得到了有效的保护。总之，耳朵的进化经历了漫长的历程，是由内向外逐渐进化出来的。

◆ 鸡（鸟类）的耳

人耳位觉

◆ 坐过山车很刺激，但容易晕

我们人类和一些哺乳动物的内耳还有一个作用，那就是它能感觉到我们位置的变化。内耳包括前庭、半规管和耳蜗三部分，它是由结构复杂的弯曲管道组成的，又称作迷路，这些管道内充满了淋巴，前庭和半规管是位觉感受器的所在处，前庭可以感受到头部位置的变化和直线运动速度的变化，半规管可以感受到我们头部的旋转速度。这些感受被神经传到大脑后就会引起大脑的反射，从而维持身体的平衡。对于我们人类的每个个体而言，我们的内耳前庭在产生神经冲动和传递神经冲动时的耐受性是不一样的，如果超过一定限度，我们的大脑就会受不了，这个限度就叫做至晕阈值，超过这个值我们就会头晕，这就是我们晕车、晕船或在转圈后头晕的原因。

风云的变幻——各种器官的进化

DONGWU JINHUA

拓展思考

1. 你晕车或晕船吗？分析一下晕车、晕船的原因。
2. 我们人的耳朵（外耳廓）有什么样的作用？
3. 声音是一种很奇妙的东西，你对它有多少了解？
4. 你听自己的声音和别人听你说话的声音有什么不同？

动物进化

"科学就在你身边"系列 · 97 ·

40亿年的风雨历程

动物CPU——大脑的进化

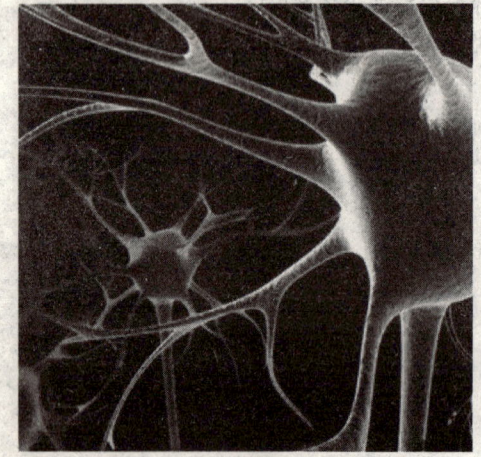

◆脑神经细胞

大脑,是进化史上最神秘的器官,也是智慧生命的标志。千百年来人们一直着迷于对大脑的研究,特别是我们人类的大脑——世界上最先进的大脑。当今地球乃至整个进化史上,我们人类的大脑无疑是最精密,功能最强大、最完善的了。大脑在进化史上扮演着很重要的角色。大脑是如何进化的呢?

脑和神经的作用

说到大脑不得不提神经细胞,因为大脑就是由一个个的神经细胞连接组成的。神经细胞在很早的时候就已经出现,例如水螅或水母触角上的神经细胞,这些原始的神经细胞能够传递由于刺激产生的神经冲动,从而作出各种反射行为。可

◆鱼的脑和脊神经

以说,动物之所以区别于植物,很重要的一个原因就是,动物有神经细胞传递信息,能够作出对外界刺激的反射。

脑由神经元细胞组成,所以脑十分脆弱,需要由特殊结构保护,而原

风云的变幻——各种器官的进化

DONGWU JINHUA

始的软体动物没有骨骼，所以没有脑，只有一些分散在身体各处的神经元。棘皮动物是最早有脑的动物，后来的所有动物都保留并沿用了这个器官，因为大脑确实很有用。

小实验

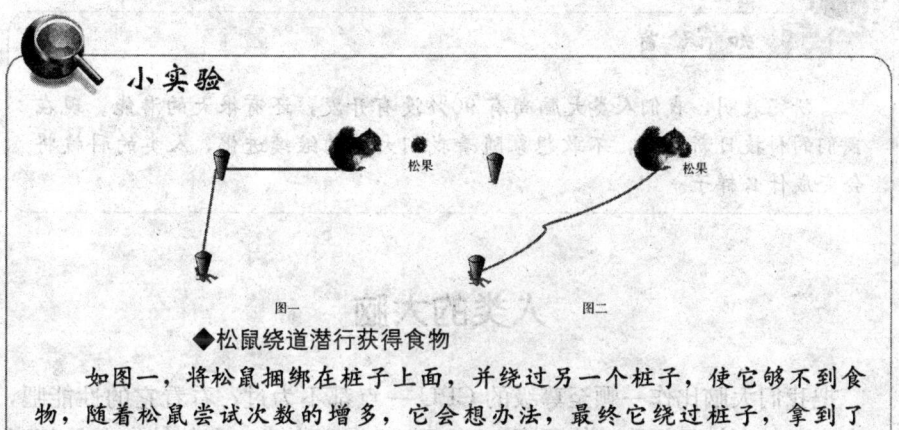

◆松鼠绕道潜行获得食物

如图一，将松鼠捆绑在桩子上面，并绕过另一个桩子，使它够不到食物，随着松鼠尝试次数的增多，它会想办法，最终它绕过桩子，拿到了食物。

脑在进化中起着重要的作用，在生存竞争中，有速度的比拼，有力量的比拼，但有一项比拼是默默进行的，那就是脑，脑决定着一种动物的智慧高低。在复杂多变的生物界，生存是一切一切的根本，动物们身上一切的进化都是为了更好的生存，而更加聪明的动物在生存遇到挑战时能够找到更多更好的办法来解决问题。如上图科学家做的一个实验，松鼠绕道潜行获得食物。当松鼠够不到食物时，它会绕过桩子来取得。然而用爬行动物做这个实验就会得到不同的结果，爬行动物由于不够聪明，不会绕道而行，所以得不到食物。

脑进化的动力

在动物生存竞争中，更加聪明的动物总是能够有效地生存下来，使得它们的基因得以传递给下一代，久而久之，动物们会变得越来越聪明，大脑就会越来越发达，这是大脑进化的内在动力。

人类并不是很强壮，跑得也不是很快，也没有尖牙利爪，拿我们的身体跟老虎、狮子相比，我们只能做它们的盘中餐。但我们有世界上最发达

40亿年的风雨历程

的大脑，我们利用智慧发明了飞机、汽车和各种武器，这让我们人类成为地球上最强大最恐怖的生物，狮子、猎豹在我们面前是那样的渺小。

知识窗

研究表明，我们人类大脑尚有90%没有开发，还有很大的潜能。现在我们的科技日新月异，不敢想象随着我们大脑的继续进化，人类的科技将会变成什么样子。

人类的大脑

把我们大脑比作一颗至尊级的 CPU 一点都不为过，看看它的性能吧，它有 140 亿个神经细胞，体积在 1300 到 1400 立方米，它的储存容量相当于 1 万个藏书为 1000 万册的图书馆，大脑每天可处理信息为 8600 万条，其重量只占体重的 2%，耗能占 25%，在活动时功率只有 20 瓦。大脑中 80% 都是水，就像一块豆腐，但就是这么一块淡粉色的豆腐让我们成为这地球上的唯一。

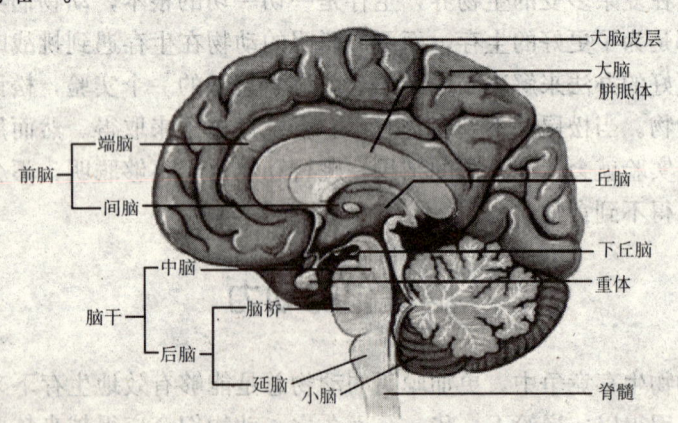

◆人脑结构图

风云的变幻——各种器官的进化

知识窗

人脑还有很多未解之谜，如梦境、睡眠、幻觉、记忆途径和意识等等，这些答案都隐藏在小小的脑神经细胞中。目前我们能够了解的只是一些大脑的基本结构和一些功能区，具体这些功能区是如何行使功能的，行使功能的途径和机理都不清楚，这些谜或许将来得由我们来揭开。

大脑左半球的功能	大脑右半球的功能
控制身体右侧	控制身体左侧
以序列的和分析的方式对输入进行加工	以整体的和抽象的方式对输入进行加工
时间知觉	空间知觉
产生口语	通过姿势、面部表情、情绪和肢体语言表达感受
执行不变的和算数的操作	执行推理和数学操作
积极构造虚假的记忆	回忆根据真实
对事情为什么发生寻找假设	将事情放置于空间模式中
善于引发注意以应对外部刺激	善于处理内部加工

动物进化

你知道吗？

虽然我们人类的大脑不是世界上最大颗的，但我们大脑占身体的比重却是最大的，且精密程度和复杂程度也是最大的，鲸虽然有比我们大几倍的大脑，但其大脑表面没有褶皱，没有我们的大脑复杂，且占身体比重很小，所以还是没有我们人类聪明。

40亿年的风雨历程

拓展思考

1. 我们的大脑有多少个功能区？
2. 判断脑的高等或低等程度的标准是什么？
3. 你有过思考问题后感到累的经历吗？为什么人在思考问题后会感到累或饿呢？

动物进化

风云的变幻——各种器官的进化

DONGWU
JINHUA

生化工厂——消化道的进化

消化，从动物进化之初就已经被提上了日程。因为所有的动物都不能自己制造有机物，不能自己养活自己，所以只能从其他的生物中偷取能量，不管是植物还是动物，甚至是微生物，这就是取食。摄取到动物体内的食物必须经过分解，成为小分子物质后才能被机体吸收和利用，因此分解食物的这项任务就落到了消化系统上。

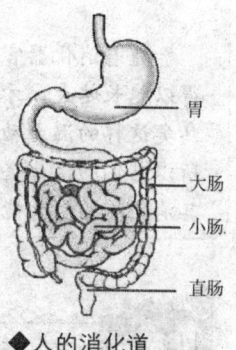

胃
大肠
小肠
直肠

◆人的消化道

消化道的进化

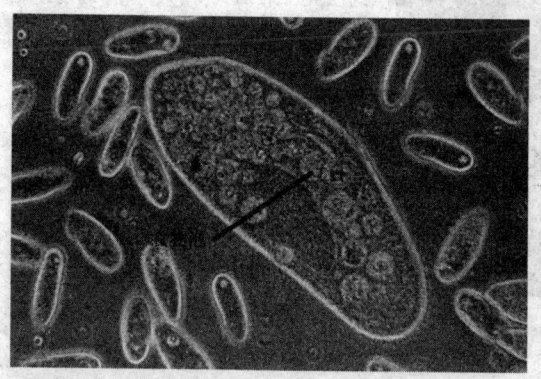

◆草履虫的食物泡

各种动物有各种各样的消化道，也许你还记得草履虫是怎样进食的。它的食物泡可以看做是最初的"消化道"，但这并不是真正意义上的消化道，因为它不是一条真正的管道。真正意义上的消化道得从腔肠动物说起，虽然腔肠动物的消化道只有一个口，而不是我们熟悉的一根"管子"，但这已经是一大进步，因为它已经进化出了口，这被其他后来所有的动物沿用至今。

俗话说，万事开头难，随着腔肠动物出现消化腔这一创造性的进化，动物消化道的进化从此步入了快速进化时期。到了4亿年前，节肢动物大

SISHI YINIAN DE FENGYU LICHENG
40亿年的风雨历程

量出现，它们已经具备了相当完善的一套消化系统，出现了类似胃和肝脏的器官，到了鱼类的时候，各个功能消化器官基本上没有什么大的变化。也就是说，我们人类有的消化器官基本上在鱼身上都能找到。

知识窗

随着消化器官功能的逐渐强大，动物获得的能量也越来越充足，体型得以越长越大，才出现了像恐龙那样巨大的生物。随后进化出了如哺乳类、鸟类这样的温血动物，因为温血动物需要消耗大量的能量来维持体温恒定，所以它们的消化道功能是最强大的。从这里边可以得出结论，动物越高等，其消化道的消化能力越强。

动物进化

万花筒

科学家在西里伯斯深海约2500米海域捕获一种粉红色的、透明的好似海参的生物。它一般常在海底觅食，借助其身体前端类似衣领的结构在水中游动。下图中的这只生物刚进过食，通过其透明的身体，可以看到它膨胀的消化道。

◆透明身体内的消化道清晰可见

高等动物消化道

高等动物的消化道几乎可以分解所有动植物世界的各种糖类脂肪和蛋白质，但它并不是万能的。在500～700万年前的地球上，由于气候变化，

风云的变幻——各种器官的进化

森林大面积减少，代替它的是一片片广阔的草原，然而草中的主要成分是一种糖类——纤维素，这种物质既难消化，又没什么营养，那么一些被迫离开森林的动物如何在这样一种情况下继续生存呢？天无绝"人"之路，这时细菌被巧妙地引入到消化中来，一些可以分解纤维素的细菌寄生在动物的消化道内，并与之形成互利共生关系，以帮助消化动物自身难以分解的纤维素，这样，那些本来以吃树叶为生的动物就进化成现在的食草动物。

◆牛（食草动物）

 你知道吗

与食草动物同时走出森林的还有我们的祖先，与前者不同的是，我们的祖先是杂食性的，什么都吃。虽然我们人类是最高等的动物，但我们的消化道并不是最强大的，甚至我们的消化道功能正在减退。研究表明，我们祖先的胃比我们现在的胃要大一倍，这是因为古猿以采集为主，饥一顿饱一顿，一天可能只能吃一顿，所以需要一颗大胃来储存食物，后来人类的一个创造性举动——火的使用，使得人类能够吃到熟食，熟食能够大大减轻消化道消化的负担，再加上人类文明的进步、生产技术的提高，人类的饮食逐渐改善，我们的祖先不再需要那么大颗的胃了，于是胃逐渐减小。

 拓展思考

1. 胃的大小和什么有关？
2. 简要描述一下我们的消化器官都有哪些？
3. 想一想，食肉动物和食草动物的消化道有什么不同之处？

动物进化

SISHI YINIAN DE
FENGYU LICHENG

40亿年的风雨历程

千姿百态——皮肤的进化

皮肤，是人类也是每一种动物最大的器官，它遍布全身，为机体提供一个与外界隔离的环境。可以说，动物没有皮肤一刻也生存不下去。皮肤的功能不仅仅如此，在漫长的进化历程中，它已经进化成了捕猎的武器、防守的装甲和行动的依靠。

◆各种各样的皮毛

皮肤的进化历程

对于单细胞动物来说，是无所谓什么皮肤的，皮肤是从多细胞生物开始才有的，人们一直认为在7亿年前出现的水母具有最早的皮肤。水母外胚层具有一层致密的单细胞层，这层细胞就是最初的皮肤，它起到与外界隔离的功能，但这层皮肤极易受到伤害。

真正意义上的皮肤还是从5亿年前的鱼类开始出现的，鱼类的皮肤有表皮和真皮，表皮跟水母的表皮差不多，起到与外界隔离的作用，真皮是一层柔软的组织，跟表皮相比，看起来作用不是很大，其实不然，鱼类皮肤之所以被称作真

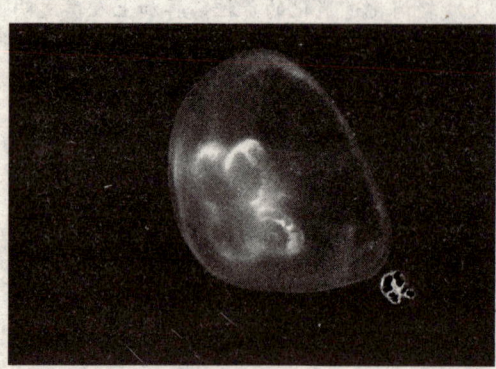
◆水母外面只有一层细胞

风云的变幻——各种器官的进化

DONGWU
JINHUA

正皮肤的起源,就是因为这一层真皮的存在。表皮只不过是一层致密细胞层,所有的多细胞动物都有这一层细胞,而真皮却只有鱼类之后的动物才有,而且真皮最大的一个特点,就是它有附属物。下图是人类的皮肤和附属物示意图。

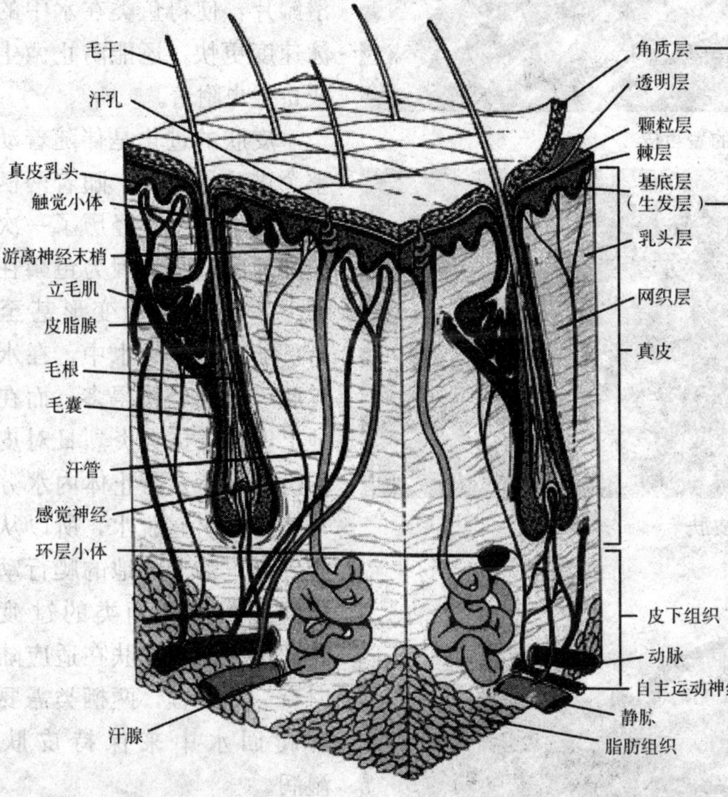

◆皮肤结构及其附属物示意图

真皮的发展

那么真皮究竟有什么样的功能呢?真皮虽然是一层柔软的组织,但它却是众多皮肤附属物的发源地,有鱼鳞、毛发、骨板、指甲和各种各样的体表腺体。今天动物界动物外形的千姿百态,外貌的多姿多彩,完全归功于真皮的进化。鱼类从真皮中分泌出骨质,在体表形成鳞片,像一层层瓦

SISHI YINIAN DE FENGYU LICHENG

40亿年的风雨历程

动物进化

◆显微镜下的鲨鱼皮

◆两栖类的皮肤

◆三角龙头部骨板和尖角

片一样。鳞片能有效地保护身体，这层外骨骼一样的盔甲要比外表皮那层细胞坚固得多。鱼类的真皮还能分泌粘液、润滑鳞片，使得鱼类在水中的游泳速度更快，还能防止微生物或寄生虫附着。

皮肤的进化是伴随着动物整个进化历程的，随着两栖类爬上陆地，皮肤经历了一次适应陆地的过程，因为鱼鳞在陆地上一干燥就会变形甚至脱落。陆地上不像水中，在水中皮肤可能要轻松得多，而在陆地上，要抵抗炎炎烈日对皮肤的烘烤，还要防止体内水分过分蒸发而引起脱水，所以从鱼类到真正踏上陆地的爬行动物之间，有个两栖类的过渡物种。这印证了皮肤在适应陆地时有一个过程，两栖类需要时常爬回水中来保持皮肤的湿润。

为了防止水分蒸发，爬行动物的皮肤进化出了致密的角蛋白组成的鳞片。这种鳞片区别于鱼类的鳞片，它更加坚固，而且在鳞片之间填充有脂质，这两者的组合使得爬行动物的皮肤变得滴水不漏，甚至能适应干旱的沙漠。皮肤在恐龙身上发展到登峰造极的地步，甚至有些"夸张"。皮肤不仅仅被用来当作盔甲，甚至被用来当做进攻的武器，如剑龙背部骨板、尾部尖刺和三角龙头部大角。

风云的变幻——各种器官的进化

DONGWU JINHUA

同样也正是在恐龙身上，皮肤有了更进一步的进化。科学家在侏罗纪时期的一些小型食肉恐龙的身上，发现了羽毛或类似毛发一样的东西。据推测，最初的羽毛不是用来飞行的，而是用来保暖的，因为现今的温血动物都有一个共同的特征，那就是有皮毛。正是由于在恐龙身上发现皮毛，有的科学家们根据这一点甚至推测，恐龙究竟是不是真的是我们所说的冷血动物，至少它们的体温应该能够保持在一定范围之内。

◆剑龙背部皮肤进化出剑形骨板

哺乳动物进化出了毛发，鸟类进化出了羽毛，都是为了保持体温，而皮肤不仅仅就这么简单，我们的指甲，马的蹄子，鸟类的利爪都是由皮肤分化出来的。哺乳动物还有一个更重要的进化，那就是雌性哺乳动物的乳房也是由皮肤进化而来的，哺乳动物之所以叫哺乳动物，就是因为这个原因。

人类的皮肤

我们人类在自然界是绝无仅有的一类，这同样也表现在我们的皮肤上，人类的体毛几乎完全退化，却进化出一种发达的腺体——汗腺。汗腺并不是我们人类特有的，许多哺乳动物都有这种腺体，各种动物能够通过腺体分泌出各种各样的具有特殊气味的液体，以供同类识别，但这种体液只是一种通信手段而已。相比之下，我们人类的汗腺就不一样了，人类汗腺分泌的液体主要成分是水，没有颜色，含有少量的盐类，发达的汗腺究竟有什么用？其用途就是为身体降温。我们在运动时体温会升高，通过汗腺分泌汗液，汗液蒸发时会吸收大量的热，从而降低体温。每种哺乳动物都有自己的降温机制，大象靠两个大耳朵降温，狗靠伸出舌头大口喘气降温，但与人类的降温方式相比，它们的效率太低了。所以在炎炎夏日，我

40亿年的风雨历程

们可以奔跑数十公里追捕一头鹿，直到它因为体温过高而不得不停下来为止。这也是我们人类成为成功捕猎者的一个重要原因。

你知道吗？

猎豹是地球上跑得最快的动物，但它只适合短距离的奔跑，奔跑超过一分钟，它的身体就会因为温度过高而发出警报，如果捕捉不到猎物，它就会放弃，之后慢慢使身体"冷却"下来，准备下一次的出击。

拓展思考

1. 想一想除了你的指甲，还有什么是从皮肤分化而来的？
2. 人分为白种人、黑种人和黄种人，人种的颜色和我们的皮肤有什么关系？
3. 皮肤除了保护作用还有什么作用？

动物进化

风云的变幻——各种器官的进化

DONGWU JINHUA

致命武器——牙齿的进化

每个动物都需要吃食物，无论是吃植物还是其他动物，总之动物生来就是有一张填不满的嘴。要吃食物，一些低等的动物就不说了，它们大多以看不见的藻类为食，而对于一些较高等的动物来说，光靠一张嘴是不行的，因为遇到一些大块的食物时就会吞不下，或者吞下了却增加了消化负担。这时一种切割工具应运而生，这就是牙齿。

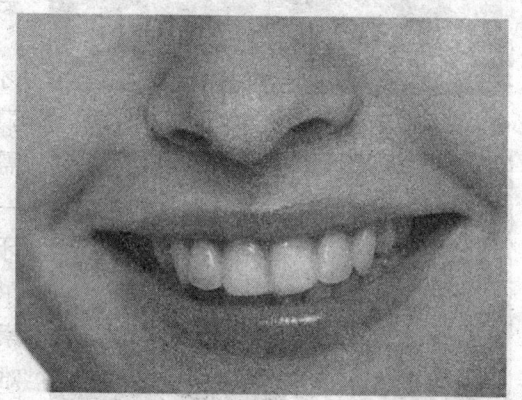
◆人类的牙齿

动物进化

牙齿进化历程

◆盾皮鱼（最早的有颌鱼类）

牙齿的进化要追溯到4亿年前的有颌鱼类，这种鱼有了能够运动的下颌骨（所谓颌骨就是我们两排牙齿生长的地方，上排牙齿叫上颌，下排的叫下颌），因此可以咬住猎物，牙齿就在这种鱼的身上出现了。

远古进化出牙齿的有颌鱼类发现，牙齿真的太好用了，

"科学就在你身边"系列

40亿年的风雨历程

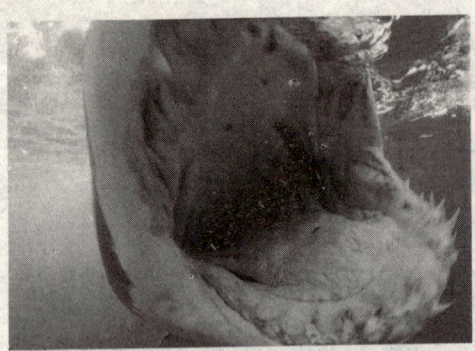

◆大白鲨的牙齿

◆霸王龙的牙齿很锋利

动物进化

有了尖利的牙齿，原始海洋中的那些软体动物简直不堪一击，其他鱼类也纷纷败在它的手上，很快有牙齿的鱼类就统治了海洋，成为海洋的霸主，直到今天，鲨鱼仍然是海洋中的顶级捕食者。

在海洋中，一般只有捕食者才有牙齿，因为很多鱼类都是食藻类或其他小型水生生物，并不需要尖牙利齿。到了陆地上就不一样了，并不是只有捕食者才有牙齿，植食性动物也同样进化出了牙齿，因为植物中常含有纤维素和木质素，这些物质本来就很难消化，不经过处理直接吃进肚子里，肯定不能很好消化，所以植食性动物进化出了交错的平滑的牙齿，以便于磨碎食物。

而对于陆地上的捕食者来说，牙齿仍然是其猎杀的武器，同时兼有叼运和肢解的作用。陆地上的捕食者跟鱼类的牙齿相比有过之而无不及，特别是恐龙，恐龙帝国的兴旺，见证着牙齿的重要性。想象一下，没有牙齿的恐龙，还能叫恐龙吗？肉食恐龙就是靠着满嘴的尖牙横行天下的。

哺乳动物和鸟类的牙齿

爬行动物进化成鸟类和哺乳类，哺乳类继承了爬行动物的牙齿，但没继承它牙齿的特点，因为哺乳类是由兽孔目动物进化而来的，兽孔目动物的牙齿已经分化，有了门齿、犬齿和颊齿，而恐龙的牙齿还是满嘴都一样，像一个模子出来的。再反观哺乳动物，由于牙齿有了分化，门齿可以

风云的变幻——各种器官的进化

切割食物，犬齿可以撕裂食物，颊齿可以磨碎食物，所以许多哺乳动物都是杂食性的，既可以吃植物，也可以吃肉类，这大大增加了哺乳类的生存能力。

鸟类虽然是从恐龙进化来的，却没有继承它们的牙齿，鸟类的牙齿已经退化，这是因为鸟类的体形小，即使长一副尖牙同样无法与大型动物搏斗，更别说捕食它们了。所以鸟类大多以昆虫或种子为食，这些食物都是一口一个，有无牙齿对它们而言无所谓。然而对于一些猛禽来说，捕食小动物后，如何肢解猎物就成了问题，所以像鹰一类的鸟儿进化出了钩子一样的嘴，就是我们常说的鹰嘴，它一下可以撕下一大块肉，这样就弥补了没有牙齿的缺憾。

◆猎豹齿，犬齿明显

◆鹰的喙

动物进化

你知道吗

世界上最大的动物——蓝鲸竟然没有牙齿，这么庞大的躯体没有一副牙齿如何捕猎？原来，蓝鲸的牙齿已经退化，而变成了刷子一样的鲸须，这些鲸须闭合时就像一张网，这张网就是专门用来网磷虾的。鲸张开大嘴吞下一口水，然后将鲸须关闭，开始吐水，那些磷虾就会留在它的鲸须上，蓝鲸就是靠着这小小的磷虾长成地球上最大的动物，一头蓝鲸每天要吃2～4吨食物，但有了鲸须这么高效的过滤器，只要一次进食半小时就能获得足够的食物了。

SISHI YINIAN DE
FENGYU LICHENG

40亿年的风雨历程

◆蓝鲸和它的鲸须

动物进化

拓展思考

1. 我们人的牙齿有几种，分别叫什么名字？
2. 吃西瓜和吃肉用到的牙齿分别是哪些颗？下次再吃这些东西的时候注意一下，帮助你增进对牙齿的了解。
3. 观察一下周围各种动物的牙齿各有什么不同和特点。

风云的变幻——各种器官的进化

DONGWU JINHUA

氧气泵——肺的进化

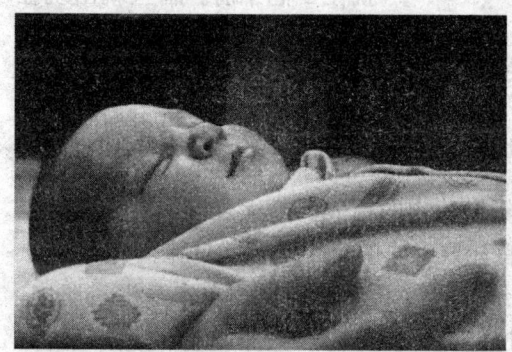

◆婴儿从一出生就开始呼吸

我们每时每刻都在呼吸，如果停止了呼吸，我们就到了生命的尽头。呼吸是所有动物都必须进行的一项基础性活动。呼吸将氧气和体内血液里的二氧化碳进行交换，氧气被带入体内，体内的有机物在氧的作用下分解产生能量、水和二氧化碳。对于动物来说，它们由于运动需要消耗大量的能量，所以氧气消耗量也是很大的，不得不由一个专门的气体交换器官来负责这项艰巨的工作，水生生物的这个器官叫鳃，陆生动物的叫肺。

动物进化

鳃和肺

由于水生环境和陆生环境完全不一样，所以这两种器官完全是两个概念。较低等的无骨骼动物由于比较小，但也有鳃，根据化石和现今地球上的生物分析，最早具有鳃的动物是软体动物如河蚌，它们的鳃和鱼类的鳃已经相差不多。鳃上面有很多毛细血管，让水流

◆肺鱼

○"科学就在你身边"系列○

SISHI YINIAN DE FENGYU LICHENG
40亿年的风雨历程

◆两栖类湿润的皮肤也具有一定呼吸功能

过鳃时，可以进行气体交换，同时鳃还起到过滤食物的作用。

两栖类是在3.8亿年前登上陆地的，所以肺的起源应该就在4亿年前。肺鱼就出现在那个时代，是现存最古老的一种鱼类。肺鱼是最早进化出肺的一种鱼类，它可以在陆地上用肺呼吸，这不得不让我们联想到肺鱼就是两栖动物乃至所有陆生动物的祖先。毫无疑问，肺是陆地生物的必需器官，两栖类爬上陆地首先要解决的一个问题就是肺。

肺是一个中空的内壁布满毛细血管的软组织腔体，它本身没有肌肉，呼吸时是靠着膈肌和胸肌挤压和拉伸肺，使得它能一伸一缩，实现气体的交换。

动物进化

知识窗

无论是动物还是植物都需要呼吸氧气进行能量代谢。氧气进入体内后被送到细胞中，由线粒体利用其氧化有机物释放能量。由于植物叶片细胞中的叶绿体可以产生氧气，这部分氧气可以被线粒体利用，所以对呼吸作用的依赖性较低，叶片上只要一些气孔就够了。

肺的进化历程

肺是不是由鳃进化来的呢？

答案是否定的，肺和鳃虽然都是用来进行气体交换的，但二者风牛马不相及，没有一点进化上的联系。肺的进化起源要从海洋硬骨鱼类的鱼鳔说起，鱼鳔最初是用来装空气控制鱼类沉浮的器官，相当于潜艇的压水舱。后来一些海洋鱼类为了生存不得不来到淡水中，如小河、池塘和沼泽

风云的变幻——各种器官的进化

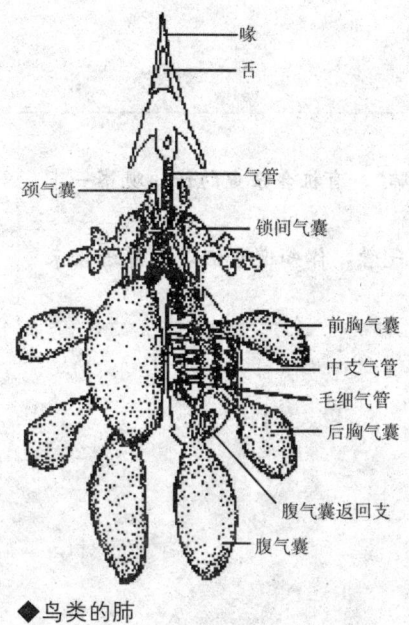
◆鸟类的肺

等,这些地方由于腐殖质或微生物大量繁殖而导致水中氧气减少,鱼类呼吸困难,这时鱼类为了生存经常浮出水面来呼吸空气,久而久之,鱼鳔内的毛细血管越来越多,但此时的鱼鳔由于面积有限,气体交换效率很低,后来鱼鳔发生褶皱增加了表面积,这样就成了最初的肺。

肺在形成后大致就没怎么再变化过,人和爬行类的肺没有什么大的区别,但鸟类的肺进化出了更复杂的结构。鸟类的肺来自支气管,支气管多次分支,形成大量的细小微气管,这些微气管相连形成网状的气管系统。鸟类的肺的不同之处就在于它有一些气囊与之相连,气囊与支气管和肺相通,并且可以伸进体腔各处。在吸气时空气经过肺进入气囊,呼气时气囊中的空气被排出,气体再一次经过肺,这样一次呼吸,空气两次经过肺,呼吸效率提高了一倍。

鲸本是陆地上的哺乳动物,因为某种原因重返海洋,成为了世界上最大的动物。它的肺是如何进化的呢?我们都知道,陆地上用肺呼吸的动物,一旦进入水中就会窒息死亡,而鲸是用肺呼吸的,它不但进入水中,而且还在水中生活得自由自在。这是怎么回事?原来鲸在回到水中后,面临一个问题就是如何呼吸,它在漫长的进化中逐渐一点点改变,就像它的身体一样,它的肺越变越大,并且练就了"闭气大法",它只要每两个小时到水面换一次气就行了,为了更好地换气,它的"鼻子"进化到了背上,这样更利于换气。

◆鲸背部巨大的气孔

SISHI YINIAN DE
FENGYU LICHENG

40亿年的风雨历程

1. 鱼鳃可以看成是长在身体外面的"肺",有机会杀鱼的话,观察一下鱼鳃的特点。

2. 肺的结构很复杂,有许多肺泡和支气管,你知道它们是怎样进化来的吗?

动物进化

风云的变幻——各种器官的进化

DONGWU JINHUA

繁衍后代
——生殖系统的进化

前面我们也说过，生物之所以称为生物，就是能够繁殖后代。不产生后代，生命就没办法延续，所以动物们每天努力地生存，唯一的目的就是为了传递后代。传递后代是自然界最为神圣的行为，无论是有性生殖还是无性生殖，甚至还有孢子生殖，这些生殖方式都是奔着一个共同的目标——繁衍。

◆繁育后代

无性生殖

生殖系统在地球上第一个生命体上就已经出现，否则生命无法演化至今。然而最早"生殖系统"还不能算是"系统"，因为它太过简单了，它只能算是一种生殖方式，这种生殖方式就是二分裂生殖。最初的细胞，一

想 一 想

试想一下，假如所有生物都照着二分裂繁殖方式繁殖下去，我们今天地球上的生物会有这么丰富多彩吗？所以生殖系统要是不进化，今天的地球就会是另外一个样子——只有一种或几种细胞充斥着海洋，或是生命早已灭绝殆尽。

40亿年的风雨历程

分二、二分四、四分八，就这样一直分裂下去，它们中每个都一样，像是一个工厂生产出来的产品，型号、大小都一模一样。

我们已经知道，生殖方式一种是有性繁殖，一种是无性繁殖，前面说的二分裂繁殖就属于无性繁殖方式。在动物界还有一种较高级的无性繁殖方式，那就是出芽生殖。出芽生殖最早出现在像水母这样的腔肠动物身上。如水螅，在食物充足的时候，它会在身体侧面长出一个小胚芽，这个芽直接长成一个幼体，然后与母体分离，这种方式有点像哺乳动物怀胎一样，能有效地保证下一代的存活率。

无论是哪种方式的无性生殖，子代基因都跟母体一样，所以很难有进化。有性生殖就不一样了，它大大增加了基因的重组率，后代有更高的变异率，也就有了更多的生存机会。因为有性生殖需要产生两性配子，所以就需要特殊的器官来制造配子，动物们用来制造两性配子的器官就是真正的生殖系统。

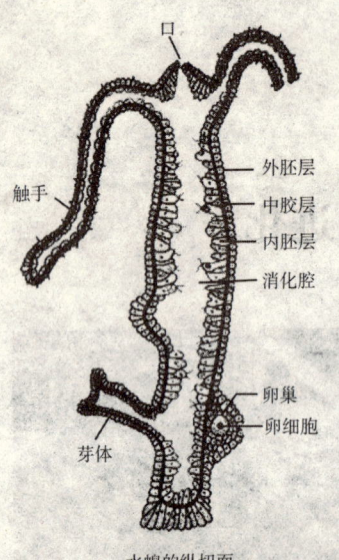

◆水螅（既能有性生殖也也能出芽生殖）

有性生殖

有性生殖起源很早，大约10亿年前就已经出现，是由细胞通过接合传递基因来实现有性生殖的。我们可以将这种接合近似看成一种配子的结合，对于单细胞生物来说，根本没能力产生高等动物才有的配子，但这确实是有性生殖的起源。

动物进化到多细胞生物才真正出现有生殖系统的有性生殖，还以水螅为例，水螅的外胚层上往往有一个或几个突起，在这些突起里面包裹着卵巢或精巢，这便是水螅的生殖器官，它是雌雄共体的，在繁殖时期或营养缺乏不能进行出芽生殖的时候，水螅就会产生两性配子，但水螅往往是两个个体之间进行受精，而不是自己给自己受精，如果是自受精，它的后代

风云的变幻——各种器官的进化

DONGWU JINHUA

基因仍没有变化,跟出芽生殖一样就没什么意义了。

动物进化得越高等,它的生殖系统越精密发达,而且也由最初的雌雄共体演变成了雌雄异体,因此动物也就有了雌雄之分。鱼类经过进化,它的生殖系统有了进一步的演化,进化出了外生殖器,这一器官在鱼类之后的所有脊椎动物身上都在继续沿用着。今天地球上的大多数动物都是靠有性生殖来繁衍后代的,正是由于生殖系统越来越完善,地球上的动物才变得越来越繁盛,种类越来越多。

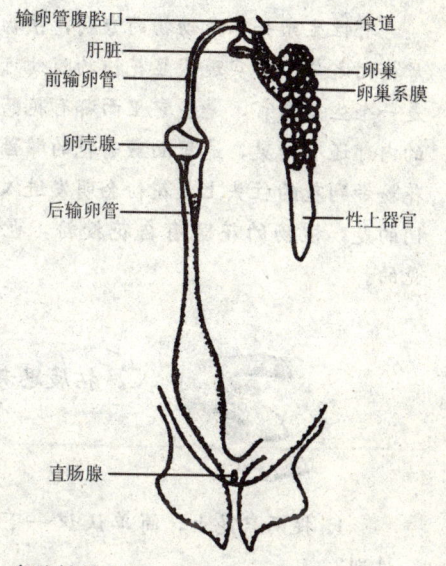

◆雌性鲨鱼生殖系统示意图

 你知道吗

◆雄性纹藤壶的生殖系统示意图

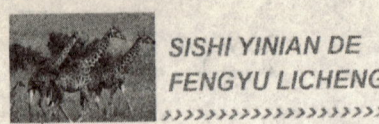

40亿年的风雨历程

有性生殖并不是动物的专利，植物其实也有生殖器官，如杨树就有公杨树和母杨树之分。其实现代显花植物随处可见，大是雌雄共体的。它们的花儿其实就是一个生殖器官，一般它里面都有花药或花粉，花粉就是植物的雄性配子，在花的内部还有卵巢，这里面藏着花的雌性配子，昆虫在采花粉和花蜜时，有可能把花粉带到花的柱头上，花粉会萌发进入花内部与卵子结合，形成受精。与动物不同的是，植物的花既有自花授粉，也有异花授粉，而动物里自体受精是很少见的。

拓展思考

1. 捉两只昆虫，简单认识一下它的生殖系统，看你能否分辨出它的性别？
2. 简单说明一下繁殖后代的意义。

动物进化

风云的变幻——各种器官的进化

动物之"动"——肢体的进化

动物之所以称之为动物，就体现在一个"动"字上，因为能够运动，所以动物才产生了捕食，才有了生机勃勃的动物界。从单细胞动物到多细胞动物，运动是它们的一个共同特征，鞭毛虫靠鞭毛游动、鱼靠摆动尾鳍游动、昆虫和鸟儿靠翅膀飞翔、而我们人类靠腿脚走路。所有动物都有肢体，

◆鸟类敏捷地动作

动物界各种各样的肢体产生着各种各样的运动方式。动物们肢体的进化又是伴着生活环境的变化而不断进行着。

各种肢体

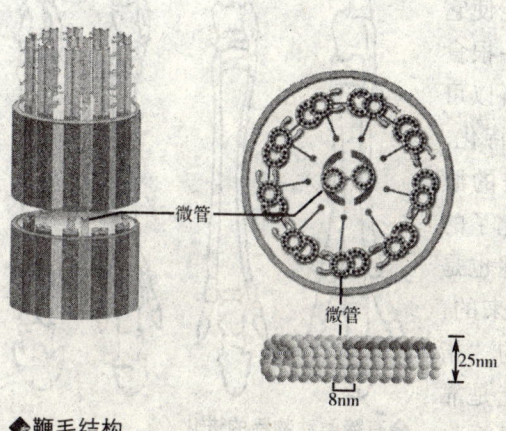

◆鞭毛结构

肢体的进化并不是按照以往我们所看到的进化顺序从低等到高等、从简单到复杂进化的，肢体种类太多了，且都没有可比性。给肢体套用一句广告词，那就是"没有最好，只有更好"，最适合才是最好的。鞭毛虫的鞭毛看似简单，仅由几根二连体微管组成，但它却确实很适合单细胞生物进行

40亿年的风雨历程

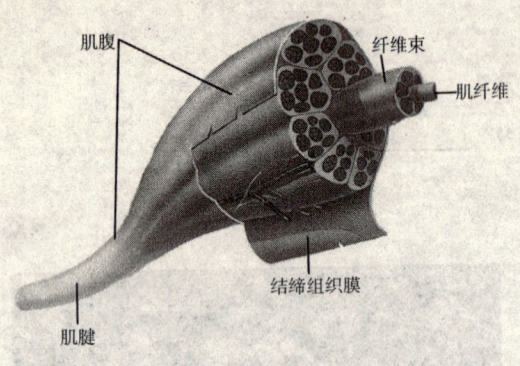

◆骨骼肌

运动。

　　肌肉组织出现后，改变了肢体，同时也改变了动物的运动方式。之前的的动物运动非常缓慢，就是因为没有肌肉来提供强大的动力。肌肉分很多种，常见的有平滑肌和骨骼肌。骨骼肌是从鱼类开始才有的一种肌肉，它附着在骨骼上，通过伸缩拉动骨骼的运动，从而使肢体发生摆动。鱼摆动尾巴就是这个道理。由于有了新的动力系统，鱼成为水中游得最快的动物。

　　两栖类从鱼类进化而来，它的四肢就是从鱼类的四个鳍进化而来，尾巴是由鱼的尾鳍进化而来，另外进化出了鱼类没有的脖子。无论是恐龙，还是鸟类，还是我们人类，外形虽然千差万别，但四条肢，一条尾巴，一个脖子是我们的一个共同特征。

肢体的进化

　　在脊椎动物中，肢体进化幅度最大的要数鸟类了，鸟类的翅膀能使它飞上天空，而它的翅膀完全靠一根食指支撑，而其他指都退化了，所以可以说鸟类的翅膀是一种肢体的特化。在哺乳动物中，也有一些奇怪的肢体，如马的蹄，它也是一种特化了的肢体，与鸟类有些相似。马的腿也是由一根异常强壮的中指发育而来的，它的蹄子实际上就是它中指的"指甲"，所以我们看到的马实际上是靠着四根指头站立着的。

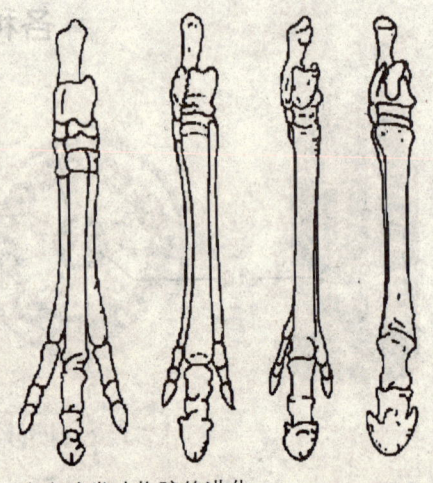

◆有蹄类动物蹄的进化

风云的变幻——各种器官的进化

DONGWU
JINHUA

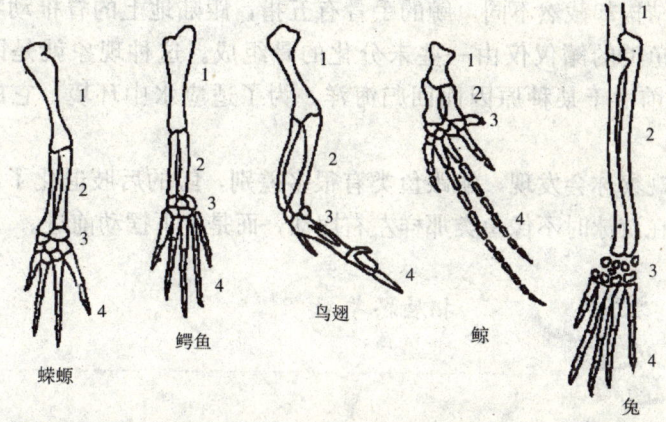

◆各种脊椎动物的前肢：1. 肱骨 2. 尺骨和桡骨 3. 腕骨和掌骨 4. 指骨

鲸肢体的进化

动物肢体完全是为了适应环境才进化的，一个最好的例子就是鲸的进化。

鱼类本生活在水中，用鳍划水运动，后来两栖类爬上陆地，鱼鳍开始进化成有五指的爪，经过4亿年的进化，当初两栖类的爪有的还是老样子没变（爬行类），有的进化成了翅膀（鸟类），有的甚至退化不见了（蛇类），而鲸的手又变回了鳍，鲸的鳍和鱼的鳍在外形上看都一样，但其内

◆鲸

◆鱼

鲸上下摆尾而鱼类左右摆尾，且鲸只有一对鳍

40亿年的风雨历程

部的骨骼结构却截然不同。鲸的手骨有五指，跟陆地上的脊椎动物的手骨很像，但鱼类的鳍仅仅由一些未分化的骨组成。这种现象就是因为鲸在5000万年前由于某种原因而回归海洋，为了适应水中环境，它的掌变成了鳍。

仔细观察你会发现，鲸跟鱼类有很多差别，鲸的后肢退化了，而且没有背鳍，在游泳时不像鱼类那样左右摆动，而是上下摆动前进。

拓展思考

1. 观察一下周围的动物，看我们人的手跟动物的"手"有什么共同点和不同点？
2. 对昆虫类和哺乳类动物做一个总结，看看它们在肢体上各有什么特点？

自然的选择
——万古不变的规律

大自然创造了各种各样的生物,为了便于管理这些生物,大自然同时也创造了一套自然法则,那就是自然选择。能够适应这套法则的动物,将被留下来继续生存,不能适应法则的动物将被淘汰出历史的舞台。

随着时间的流逝,无数的物种灭绝了,无数的物种又被创造出来,在这过程中不断产生着进化,但它们都遵循着一条法则,那就是自然选择。

自然的选择

—— 了不起的变种

大自然创造了各种各样的物种，为了使这些物种自然地延续下去，一定程度上，需要保持自己固有的特性。然而自然又是无常的，不论是外界的环境还是自身的变化都可能影响物种的延续。

物种间的竞争，一天比一天激烈了，无论是动物还是植物，都在为生存而奋斗着，自己的选择⋯⋯

自然的选择——万古不变的规律

DONGWU JINHUA

大自然不相信眼泪
——优胜劣汰，适者生存

学习进化论，达尔文的《物种起源》是必看的一本书。这本书的精华可以用八个字来概括，那就是：物竞天择，适者生存。意思就是一切生物，包括我们人类都需要服从自然法则，不能适应大自然的要求就会被淘汰。今天地球上的生物种类估计为700万种，但与曾经在地球上出现过的物种种数相比，这一数字简直微乎其微。地球上每时每刻都在发生着物种的灭亡和新物种的演化，而控制这一进程的正是上面的八个字：物竞天择，适者生存。

◆物竞天择，适者生存

动物进化

自然选择

◆19世纪末

何谓自然选择？按照达尔文的解释，自然选择不过是生物与自然环境相互作用的结果。他将自然选择分成三种类型：

第一种，稳定性选择。把种群中趋于极端变异的个体淘汰，保留那些中间类型的个体，使生物的类型更趋于稳定。例如一名生物学家在罗得岛的一个实验，

**SISHI YINIAN DE
FENGYU LICHENG**

40亿年的风雨历程

动物进化

◆19世纪中叶

◆华南虎较瘦小毛色较浅

在一次大风雪后,他收集了136只受伤的麻雀,逐个记载体重、身长、翅长、头宽等性状,并把它们饲养起来。若干天后共存活72只,另64只因伤势不能自愈而死亡。在存活的72只中,各项记载的性状都趋向于平均值,死亡的个体趋向于两个极端。

第二种,单向性选择。在群体中保存趋于某一极端的个体,而淘汰另一极端的个体,使生物类型朝着某一变异的方向发展。一个经典例子就是在英国,19世纪中叶之前,桦尺蛾大部分都是灰色的,在灰色的地衣上,不易被鸟类发现,而一种黑色的突变体桦尺蛾惨遭啄食而数量稀少,后来由于工业的发展,排放大量的二氧化

◆孟加拉虎毛色与众不同

◆东北虎的体形很大皮毛很厚毛色较深

自然的选择——万古不变的规律

DONGWU
JINHUA

硫，地衣被杀死，而露出黑色的地表，灰色的桦尺蛾就暴露在鸟类的视野中，导致灰色桦尺蛾被大量啄食，而曾经数量稀少的黑色桦尺蛾却得以大量繁殖，到了19世纪末，灰色桦尺蛾已经从原来的95％降到不足5％，而原先黑色的桦尺蛾则由1％升高到95％。

第三种，分裂性选择。把一个物种种群中极端变异的个体按不同方向保留下来，而中间常态型个体则大为减少，这样，一个物种种群就可能分裂为不同的亚种。例如，今天地球上生活着几种虎，中国境内就有东北虎、华南虎和孟加拉虎，这些虎生活在不同的地方，体型有大有小，习性也不尽相同，但它们却是同一个物种。

自然选择与进化

在生物进化论中，达尔文认为，在生存斗争中，具有有利变异的个体容易在生存斗争中获胜而生存下去，反之，具有不利变异的个体则容易在生存斗争中失败而死亡。这就是说，凡是生存下来的生物都是适应环境的，而被淘汰的生物都是对环境不适应的，这就是适者生存。达尔文把在生存斗争中适者生存、不适者被淘汰的过程叫作自然选择。达尔文认为，自然选择过程是一个长期的、缓慢的、连续的过程。由于生存斗争不断地进行，因而自然选择也是不断地进行，通过一代代的生存环境的选择作用，物种变异被定向地向着一个方向积累，于是性状逐渐和原来的祖先不同了，于是新的物种就形成了。由于生物所在的环境是多种多样的，因此

知 识 窗

适者生存这个词并不是达尔文提出的，但用在进化论中却再合适不过了。达尔文认为，在生存斗争中，具有有利变异的个体，容易在生存斗争中获胜而生存下去。反之，具有不利变异的个体，则容易在生存斗争中失败而死亡。也就是说，凡是被淘汰的生物都是因为对环境不适应，而能够生存下来的生物都是适应环境的，这就是适者生存。达尔文把在生存斗争中适者生存、不适者被淘汰的过程叫作自然选择。

动物进化

SISHI YINIAN DE
FENGYU LICHENG

40亿年的风雨历程

生物适应环境的方式也是多种多样的，所以经过自然选择也就形成了生物界的多样性。

拓展思考

1. 自然选择是怎样产生人类的三大人种的？
2. 简要说明一下自然选择的机理，并举一些能证明这些观点的例子。
3. 说说自然选择在进化中的作用。

动物进化

自然的选择——万古不变的规律

DONGWU
JINHUA

自然选择的终极体现
——生物大灭绝

◆大灭绝

　　自然选择就是要优胜劣汰，动物每时每刻都在接受着大自然的选择，在环境稳定的情况下，动物种群会趋向稳定，进化也会缓慢下来。一般情况下，环境都是在缓慢地变化着的，如大约每过1.5亿年，地球就会经历一次大冰期，这时冰会覆盖大片陆地；大气中的氧含量和二氧化碳含量也在发生着缓慢的变化，这些因素的变化，对动物就会产生一种选择。环境不仅有渐变，还有突变，环境的突变会导致许多动物不适应而灭绝。这就是——生物大灭绝。

历次大灭绝

　　能找到证据的最早一次生物大灭绝，是4.4亿年前奥陶纪末期的大灭绝，这次大灭绝导致地球上85%的物种灭绝。对地层的研究表明，在奥陶

你知道吗？

　　在动物进化史上，一共有五次生物大灭绝。每一次都给动物界造成巨大的灾难，在这五次大灭绝之前，由于动物种类和数量稀少，且都是些低等动物，即使发生过大规模生物灭绝，也很难找到证据，因为化石证据有限。

SISHI YINIAN DE FENGYU LICHENG
40亿年的风雨历程

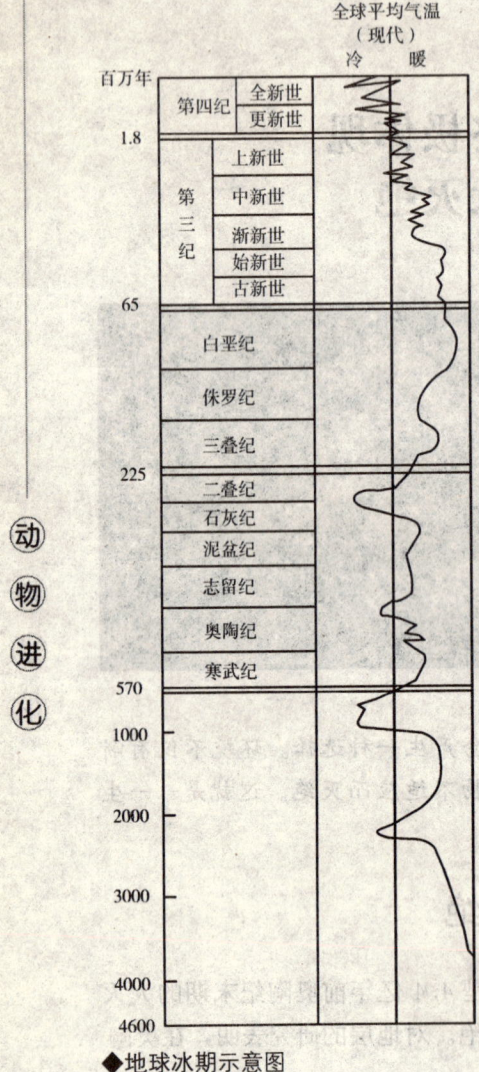

◆地球冰期示意图

纪末期发生过一次大的冰期，当时气候变冷，海平面下降，大片冰川封锁水面，沿海的水生环境遭到破坏。而当时的生物全都还是水生生物，所以原始的水生生物遭到一次灭顶之灾。这次大灭绝是地球史上第三大的物种灭绝事件。

第二次生物大灭绝，发生在距今3.65亿年前的泥盆纪后期。这个时期又被称作古生代第四纪，这个时期的陆地地貌发生了翻天覆地的变化，陆地面积不断扩大，陆生植物在这个时期开始发展壮大。动物在这个时期也发生了巨大的变化，鱼类统治了海洋，两栖类也开始了登陆之旅。泥盆纪是一个温暖的时期，甚至地球两极都是温带气候，但到了泥盆纪晚期，地球又经历了两次冰期，两次冰期相隔100万年，当时的气候骤冷，海洋退却，海洋生物遭到重创，这就是地球史上第四大的物种灭绝事件。

第三次生物大灭绝，就是著名的二叠纪大灭绝，时间大约是2.5亿年前，这次大灭绝导致地球上96%的物种灭绝，其中包括90%的海洋生物和70%的陆地脊椎动物，这无疑是地球史上最大的一次生物大灭绝。对于这次事件的起因，科学家们众说纷纭，因为在二叠纪，大陆板块漂移形成了古盘古大陆，所以有些科学家就提出了地质活动和沙漠肆虐造成大灭绝的假说。这种说法不无道理，地质活动和气候变化确实都能导致生物灭绝。有的科学家提出了陨石撞击说，这种假说确实也能找到一些证据。但地层化石表明，这次灾难的最直接起因不是气候改变或陨石撞击，而是缺氧。在二叠纪晚期的地层中，发现大量富含有机质的页

DONGWU
JINHUA

自然的选择——万古不变的规律

◆二叠纪盘古大陆

◆地球大冰期

◆恐龙的灭亡

动物进化

岩，有机物不能有效分解，证明当时的海洋已经严重缺氧。虽然这次大灭绝对动物界造成了空前的灾难，但正是这场灾难为后来的恐龙的发展铺平了道路，从此地球历史进入中生代。

第四次大灭绝，发生在第三次大灭绝后大约5000万年的三叠纪末期。三叠纪是爬行动物空前发展的时期，这个时期裸子植物广布陆地，并开始出现陆相沉积层，煤层就是一个代表。这次灭绝发生时，地球上的气候变得湿热，但没有发现如冰期这样的大的气候变化，只发现海平面下降后又上升了，出现大面积缺氧海水。三叠纪末期大约80％的陆地爬行类灭绝了，是规模最小的一次生物大灭绝。

第五次生物大灭绝，就是我们经常提到的白垩纪大灭绝，大约在6500万年前，大约75％～80％的物种灭绝，这次大灭绝在五次大灭绝中最为著名，因为统治地球达1.6亿年的恐龙灭绝了。恐龙灭绝的原因，科学家也作出了许多假说，最有说服力的就是小行星撞击说。据推断，这次撞击的强度相当于人类历史上发生过的最强烈地震的100万倍，爆炸能量相当于

SISHI YINIAN DE FENGYU LICHENG
40亿年的风雨历程

第一次
发生时间：
距今4.4亿年前有奥陶纪末期

后果：
约85%的物种灭绝

第二次
发生时间：
距今约3.65亿年前的泥盆纪后期

后果：
海洋生物遭到重创

第三次
发生时间：
距今2.5亿年前的二叠纪末期

后果：
96%的物种灭绝

第四次
发生时间：
距今约1.85亿年前

后果：
80%的爬行动物灭绝

第五次
发生时间：
距今约6500万年前的白垩纪

后果：
恐龙灭绝

◆五次生物大灭绝

动物进化

今天所有国家核武器总量爆炸能量的1万倍。撞击后，导致2.1万立方千米的物质进入大气，并遮挡住太阳光，光线不能照射到地面，植物枯萎死亡，恐龙随之灭亡。

生物大灭绝并不像我们想象的那么复杂，它就是一场大规模的自然选择。在这场选择中，总有些动物能够适应环境而生存下来，每一次大灭绝都是对动物界的一次大洗牌，给新兴的动物物种以机会，促进动物界的进化。

拓展思考

1. 大灾难通过什么方式使众多的生物灭绝？
2. 大灭绝中都是些什么样的动物灭绝了？
3. 想一想为什么每过一段时期，地球就会出现一次大灭绝？下一次大灭绝来临时我们该做些什么？

自然的选择——万古不变的规律

DONGWU
JINHUA

弱肉强食——食物链

我们都知道"螳螂捕蝉，黄雀在后"这个成语，先不管它的寓意，这个成语实际上就是一个简单的食物链。"食物链"一词是英国动物学家埃尔顿在1927年提出的，因为他意识到动物界每种动物都在捕食过程中扮演着各种角色，有些捕食者同时是另一种捕食者的猎物，这些动物之间的捕食关系像一条锁链一样，每种动物

◆螳螂捕蝉

占一个链节。食物链是动物界一个重要的组成部分，正是一条条食物链维持着生物的多样性，如果生物链任何一环没有了，整个食物链就会因此而解散。

什么是食物链

"民以食为天"，动物们也是一样，首先要填饱肚子。所谓食物链就是一条能量传递链，植物是生产者，能通过光合作用制造有机物，动物们是消费者，通过吃植物或其他动物获得能量。吃植物的动物被称作一级消费者，如一些昆虫、老鼠、野猪、大象等等。捕食食草动物的动物就是二级消费者，如蛇以老鼠为食，它就是二级消费者。三级、四级消费者以此类推，如捕食蛇的鹰就是三级消费者。这样来划分消费者并不是绝对的，因为有些动物不只以一种动物为食。例如鹰的食谱中，既有老鼠也有蛇，所以鹰在植物、老鼠、鹰这条食物链中是二级消费者，而在植物、老鼠、

40亿年的风雨历程

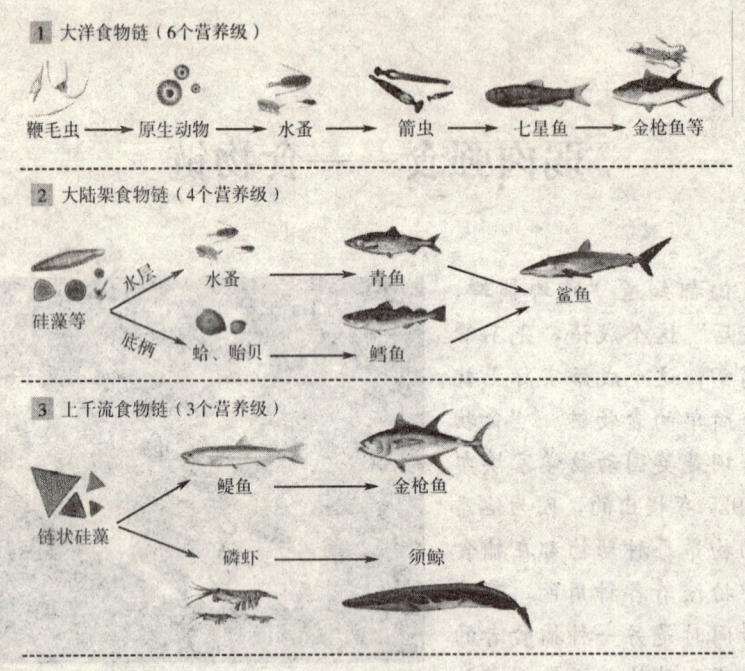

1 大洋食物链（6个营养级）

鞭毛虫 → 原生动物 → 水蚤 → 箭虫 → 七星鱼 → 金枪鱼等

2 大陆架食物链（4个营养级）

硅藻等 → 水蚤 → 青鱼 → 鲨鱼
硅藻等 → 蛤、贻贝 → 鳕鱼 → 鲨鱼

3 上升流食物链（3个营养级）

链状硅藻 → 鲲鱼 → 金枪鱼
链状硅藻 → 磷虾 → 须鲸

◆海洋食物链

动物进化

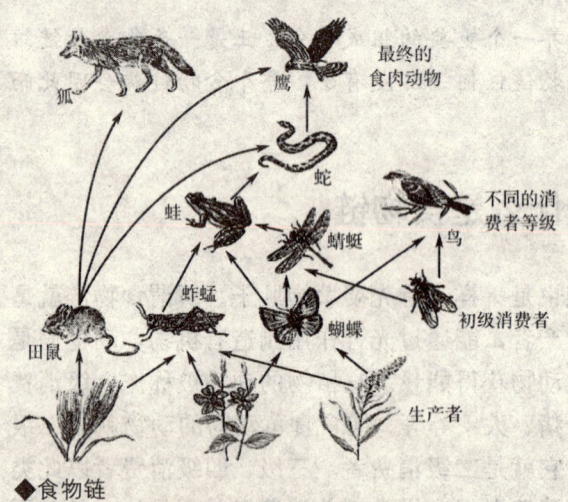

◆食物链

蛇、鹰这条食物链中是三级消费者。

食物链是一条捕食链，以生物种群为单位，联系着群落中的不同物种，食物链中的能量在不同生物间传递着，能量在食物链的传递表现为单向传导、逐级递减的特点。这就是能量金字塔，又称食物金字塔，营养级金字塔，为什么把食物链能量传递称为能量金字塔呢？因为能量传递符合"十分之一定律"，高一级营养级所有个体中包含的总能量为低一级营养级的十分之一，这样能把生态

自然的选择——万古不变的规律

系统中各个营养级的能量绘成一个类似金字塔的形状，塔基为生产者，能量最多，然后按营养级逐级递减。所以能量金字塔能形象地描述食物链中能量去向规律。

想一想

人类是几级消费者？

人类在演化的过程中为了生存，逐渐变成了杂食性的物种，因为人类在起初是非常弱小的，只能有什么吃什么，那么人类在食物链上处于怎样的分级呢？

你知道吗

食物链中还有一个重要成员就是分解者，分解者大部分为细菌、真菌和某些低等动物。没有分解者，动植物的尸体和粪便就没法被分解，那样的话，地球上将是尸骨遍野，而且更重要的是，流向动物的无机物和营养元素都没办法重新回到土壤中被植物利用，将会影响这些元素在自然界的循环。

什么是食物网

从能量金字塔中我们可以看到，营养级不会无限的高，一般4～5级就已经很高了。因为营养级越高，能量就会少得可怜，一个物种种群要想繁衍，必须维持一定的能量水平，通俗地讲也就是种群要维持在一定的数量，否则种群很容易灭绝。如我们的国宝大熊猫，由于数量稀少，基因严重纯化，已经处于灭绝

◆能量金字塔

SISHI YINIAN DE FENGYU LICHENG
40亿年的风雨历程

的边缘。

正如前面所说的，食物链往往对某个物种有交叉。也就是说，某些物种可能有多种天敌，或以多个物种为食。这些物种被称作生物链中的关键种。也正是因为这些种，各条食物链相互交叉，形成庞大的食物网，食物网能够涵盖一个地域的所有物种。每条食物链都会有一个顶端物种，也就是最高营养级，它们都是顶级捕食者，在食物网中，这样的物种一般只会有一到两个，如草原上的鹰和狮子，海洋中的鲨鱼。

拓展思考

1. 在你身边就有许多食物链，你能说出几条来吗？
2. 我们每天都需要吃饭，食物对我们如此重要，那么请说一说食物在动物进化中的意义。
3. 想一想能量金字塔为什么要遵循十分之一定律？

自然的选择——万古不变的规律

DONGWU
JINHUA

优胜劣汰的催化剂
——竞争

前面我们已经知道，动物界存在着广泛的竞争，不仅物种与物种之间存在竞争，而且在一个物种内部也存在着竞争。竞争的过程是残酷的，但为了生存，动物们必须进行竞争。达尔文在他的自然选择学说中认为，竞争是推动生物进化的重要因素。

◆竞争

动物进化

自然界的竞争

◆狼群

动物界物种与物种之间存在的竞争，是一种不是你死就是我活的竞争，这种竞争一般都是建立在捕食的基础上的。例如狼群和鹿群之间存在着竞争，狼群必须能够捕获到鹿，才能填饱肚子，才能够延续生存，但鹿群肯定不会轻易让狼群猎杀群体成员。这种捕食与反捕食就是一种竞争。在竞争中，捕猎能力差的狼群就会因为捕不到鹿而被淘汰，鹿群中年老体弱者或体格不够健壮、跑得慢的就会被狼群捉走吃掉。在狼与鹿的竞争中，由于弱者会被淘汰，所以狼群的捕猎技术如伏击、包夹、互相协作的能力会提高，鹿群会越来越强壮，

"科学就在你身边"系列 · 141 ·

40亿年的风雨历程

动物进化

◆鹿群

◆鬣狗

跑得越来越快，这样狼群和鹿群都在不知不觉中进化了。

我们不难理解，物种间的竞争都是为了生存，但物种内部也存在着竞争，这种竞争也许就令人费解。要理解种内竞争，首先得了解一点，那就是一切生物都有高速繁殖的倾向。在食物充足、空间无限大的情况下，动物们的数量可以按照指数方式增长，但往往环境的容纳量是有限的，对肉食动物来说，食物的获得也不是那么容易，所以必然导致竞争。种内竞争主要是个体与个体之间的竞争，如争夺食物、配偶、王位等，这些竞争可以选择种群内较优秀的个体，使它能获得更多的食物和交配机会，甚至成为种群首领，这样它的基因可以更方便地传给后代，使后代更优秀，这个物种也就进化了。

人类的竞争

人类社会也存在着广泛的竞争，这一点我们自己很清楚，例如今天的就业压力很大，一个工作岗位会有很多人去竞争，这也是一种生存竞争，也是种内竞争的范畴，不要以为人类是最高级的动物就能不受大自然法则的约束了，人类仍然是动物。地球只有一个，现在的

◆非洲难民

自然的选择——万古不变的规律

人口压力已经非常大，如果人口继续增长而超过农业的承受能力，势必会增加人类的种内竞争。现在非洲一些地方每年都会饿死很多人，这是血淋淋的教训。但人类之间的竞争又是不可或缺的，因为人类也在不断的进化之中。

你知道吗

物种之间、物种内部都存在着激烈的竞争，动物界还存在一种竞争，那就是物种个体与生态环境的竞争，我们人类喜欢说"征服大自然"之类的话，人类为什么要征服大自然？就是因为人跟环境之间存在竞争，存在矛盾。例如人类砍伐森林是为了制造生活资料，是为了生存所需，但森林被砍伐后，地面会沙漠化，环

◆抗洪救灾是一种人类和大自然的竞争

境会变坏，从而影响人类的生存。这个例子就是环境在跟人类争夺森林，是一种竞争关系。

拓展思考

1. 竞争是怎样促进动物进化的？
2. 你能说出竞争和捕食的关系吗？
3. 赛跑是竞争，考试是竞争，我们生活中充满了竞争，你能说出一些竞争的例子吗？

40亿年的风雨历程

"武器装备"的军备竞赛
——捕食

◆武器装备

关于捕食，我们已经有所了解。这一节就来详细阐述捕食的进化学意义。捕食是动物交互作用的一种形式，通常指一种动物（捕食者）以另一种动物（猎物）为食的现象，广义的捕食包括动物以植物为食的现象，和寄生生物杀死寄主的现象。但这里我们只说典型的捕食，也就是捕食者袭击杀死猎物并食之。捕食需要猎杀的武器，而被捕食者为了防止被吃掉，需要各种防御装备，于是捕食会促进动物们武器装备的更新换代。

动物千姿百态的武器

落后就要挨打，这一条在动物界同样适用。动物界的"武器装备"主要有这么几种：

进攻武器类：包括牙齿，4亿年前的有颌鱼类进化出了牙齿，牙齿成为了后来许多动物的武器，例如鲨鱼、恐龙、狮子，都需要用牙齿来捕猎；爪，两栖类登陆时将原来的鳍进化

◆美洲食人鱼

自然的选择——万古不变的规律

DONGWU JINHUA

成了五指的爪,经过亿万年的演化,许多种动物都将其变成一种进攻性武器,如熊能用它的爪一下划开野牛厚厚的肚皮,隼能将其爪深深扎进猎物的体内,将其杀死,并便于飞行时携带。

防御装备:包括骨骼,如甲虫的外骨骼,完全是一件刀枪不入的盔甲,再如剑龙背部的骨板,令它的天敌翼龙望而生畏;迷彩皮肤,有的动物的皮肤能够随着周围颜色的改变而改变,如变色龙,章鱼等;还有一些动物具有天然保护色,如鱼类的背部为深灰色,腹部为白色,这些特殊的皮肤都有利于伪装自己,从而不易被天敌发现。

◆隼捕食小型鸟类

生化武器类:毒液,动物界有很多动物都是用毒高手,它们用毒有的是为了捕猎,如蛇类,许多蛇类都能分泌毒液,猎物一旦被咬到就必死无疑;有的是为了防御,如蟾蜍,这些用毒高手一般身体颜色很鲜艳,这似乎是一种警告,告诉捕食者"别碰我"。特殊气味,如臭鼬,臭鼬能分泌一种恶臭物质,使得捕食者闻到这种气味就没有食欲,还谈什么吃它呢?

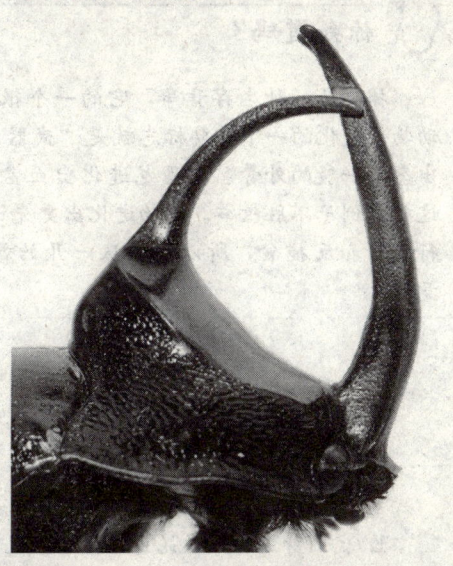

◆甲虫的大角

动物进化

终极武器:大脑,在生存竞争中,拥有强大的武器或盔甲固然重要,但关键还得看战略战术的运用。随着物种的多样化,动物们的生存环境也呈现出复杂化态势,在复杂的环境中,智慧往往变得很重要。人类的智慧在地球上是无与伦比的,他是地球上唯一一种高智慧生物,人类用智慧发

SISHI YINIAN DE FENGYU LICHENG
40亿年的风雨历程

◆眼镜蛇喷射毒液

明了各种工具。有了飞机，人类可以比鸟儿飞得更高；有了汽车，人类可以比猎豹跑得更快；有了潜艇，人类可以到达海洋任何一个角落。现在的人类跟动物已经不是在同一个层次上，脑的作用可见一斑。

动物进化

你知道吗？

捕食是一种生存竞争，它的一个很重要的作用就是促进动物的进化。动物们进化的一个重要标志就是"武器装备"的更新换代。例如昆虫进化出盔甲一般的外骨骼，恐龙进化出血盆大口，人类进化出发达的大脑等，这样的例子不胜枚举。动物进化出更先进的"武器装备"，是为了更好地进行捕食和反捕食，所以动物从一开始就在上演一出"武器装备"的军备竞赛。

拓展思考

1. 我们身边有很多昆虫，捉两只观察一下它的武器装备。
2. 为什么说人类是最可怕的杀手呢？
3. 动物们将自己的武器装备进化得越来越先进的内在动力是什么？

自然的选择——万古不变的规律

DONGWU
JINHUA

没有最快，只有更快
——极限速度

也许我们很难忘记2008年奥运会上，牙买加选手尤塞恩·博尔特以9秒58的成绩打破男子100米世界纪录，换算一下就是时速37.6千米，这样的速度在动物界排在一个什么位置？速度是一个抽象的概念，但它在动物界也有其重要意义，为什么速度对动物来说那么重要？这一节就来了解一下速度的进化。

◆人类速度极限

动物进化

速度的进化

◆速度的进化

从古至今，动物们只有一条原则，那就是生存。要生存就得有食物吃，所以捕食成为许多动物的生存之道，而速度的进化之道就在于捕食。在寒武纪生物大爆发之时，由于猎食者的出现，一些动物进化出了坚硬的盔甲防身，而另一些动物则进化出了更高的速度来逃避捕食者，这是最早的速度

"科学就在你身边"系列 · 147 ·

40亿年的风雨历程

进化。鱼类出现后，由于心脏、眼睛、耳等器官的完善，速度进化大比拼全面开始，"慢"的捕食者被饿死，"慢"的猎物被吃掉，而"快"的基因得到遗传，后代越来越快，这就是速度进化的秘诀。

你知道吗

在鱼类刚刚进化过来之时，软骨脊椎与硬骨脊椎有着同样的机会，但为什么现在的软骨脊椎已经基本上从地球上消失了，仅剩下鲨鱼这种顶级捕食者还保留着这种软骨脊椎？原因很简单，软骨的韧性比较大，而刚性较弱，划水时不能像硬骨那样产生较大的推力，就如同一根橡胶船桨划船没有木头船桨划船跑得快一样。所以最初进化出软骨脊椎的一些鱼类由于在速度上不占优势，所以惨遭淘汰。而鲨鱼又为什么能存活至今呢？不要忘了，鲨鱼在进化之初就是一位超级杀手，它的身体就是为捕食而设计的，虽然它没有最快的速度，但软骨韧性高，非常灵活，所以鲨鱼凭借着高超的捕食技巧一直存活至今，且4亿年过去了，它的体型没有多大的变化，是进化最成功的物种之一。再看其他的软骨鱼类，大多由于速度劣势灭绝了，剩下的都是些硬骨鱼类，随后也是这些硬骨鱼类登上陆地，开始了新的生活。所以在今天的动物中，地上跑的，水里游的，天上飞的，都有着一根硬骨脊椎。

最快的动物

短跑冠军——猎豹

猎豹是现代陆地上跑得最快的动物，它的身体就是为短跑设计的，流线型的身躯，头比较小，有利于减小阻力；一条粗大的尾巴，有利于保持身体平衡；鼻子的两边各有一条明显的黑色条纹从眼角处一直延伸到嘴边，如同两条泪痕，这两条黑纹有利于吸收阳光，从而使视野更加开阔；猎豹的爪子有些像狗爪，不能像其他猫科动物那样完全收回到肉垫里，而只能收回一半，这有利于奔跑时将爪深深扎入泥土，提供抓地力。这样的身体设计使得猎豹能够在3秒内将速度加到时速100千米，最高时速可达到112千米。

自然的选择——万古不变的规律

◆猎豹

空中子弹——游隼

游隼是鸟类中速度最快的,也是目前动物界最快的。游隼性情凶猛,即使比其体型大很多的金雕、矛隼等,它也敢于进行攻击。因为它主要在空中捕食,因而比其他猛禽需要更快的速度,它具有相对较大的体重,有像高速飞机一样可以减少阻力的狭窄翅膀和比较短的尾羽。它在飞行时时速可以达到 100 千米,德国动物学家曾用速度记录仪测量它在 45°俯冲时速度达到 350 千米。

◆游隼

游泳冠军——旗鱼

旗鱼种类很多,但习性大同小异。体长最长的有 5 米多,体重最重的有 600 千克。体形似月鱼,但背腹宽阔,尾柄亦宽。头吻部钝圆。尾鳍外

SISHI YINIAN DE FENGYU LICHENG
40亿年的风雨历程

动物进化

◆旗鱼

缘平直。背鳍大于臀鳍，背、臀鳍缘弧形，第一背鳍长得又长又高，前端上缘凹陷，它们竖展的时候，仿佛是船上扬起的一张风帆，又像是扯着的一面旗帜。所以人们叫它旗鱼。旗鱼游泳的时候放下背鳍，以减少阻力；长剑般的吻突，将水很快向两旁分开；不断摆动尾柄尾鳍，仿佛船上的推进器。加上它的流线形身躯、发达的肌肉，摆动的力量很大，平均时速90千米，短距离的时速约110千米。

拓展思考

1. 动物们为什么要朝着速度越来越快的方向进化？
2. 速度最快的动物们在身体结构上各有什么特点？
3. 速度的进化在动物进化史上有什么意义？

自然的选择——万古不变的规律

DONGWU
JINHUA

生存的关键——体型

我们应该明白"大鱼吃小鱼，小鱼吃虾米"这个道理吧。在自然界中，一定意义上来说，大的生物个体总是比小的生物个体更强势，这主要表现在力量上，大个子总是强于小个子。体形越大，在搏斗中越占优势，所以在自然选择下，体型大的动物能够更好地生存下来，这就是动物体形越来越大的原因。

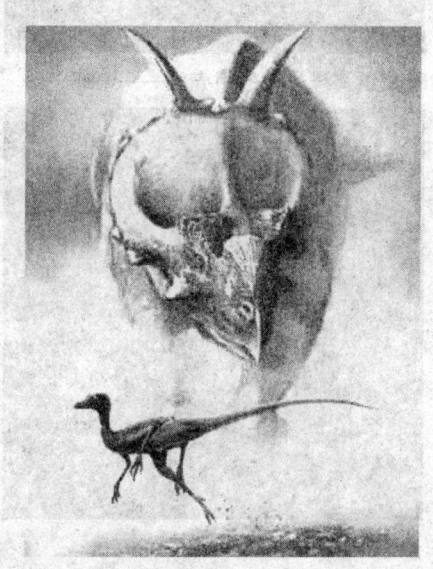
◆体型的大与小

动物进化

体型的进化

18亿年前，原始的单细胞生物进化出了多细胞的生物，这是一次飞跃。单个细胞的大小总是有极限的，而多细胞生物却可以根据细胞数目的多少，组成形态各异、体态万千的生物个体。然而在当时的海洋中，大部分动物都是低等的软体动物和甲壳类动物，软体动物由于身体无支撑，所以不能长得很大，甲壳类动物由于外骨骼的限制，亦不能长到很大，所以在原始的海洋中，没有特别巨大的动物。

直到鱼类的出现才改变了这一状况。鱼类有着一根贯穿身体的脊索，身体上的各部分骨骼都联系在这根脊索上，组成了一套完整的内骨骼系

40亿年的风雨历程

◆史前海洋最大的甲壳类——奇虾

◆鲸鲨

◆震龙

动物进化

统。内骨骼的完善，使得鱼类身体各种组织有了很好的支撑点。最重要的是，它的生长不再受硬硬的外壳的限制，它可以随着骨骼的生长，身体逐渐地增长变大。

进化出内骨骼是体型突破极限的一个重要原因，但还有一些其他的原因也促进着身体的不断变大，那就是消化系统、循环系统的不断完善。因为一个庞大的身躯意味着要消耗更多的能量，拥有一个能够很好地消化和吸收食物的消化系统和一个能够很好地运输养料的循环系统，对一个大身躯来说是前提。鱼类这些条件都具备了，所以身体得以越长越大，现存的最大的鱼——鲸鲨，体长可达20米，重15吨，是名副其实的鱼中巨无霸。

然而，进化的脚步从没有停止过，将体型发挥到极致的还得属爬行一族——恐龙。这不仅仅是因为恐龙的心肺内脏系统已经相当完善，能够支撑庞大的身躯，而且还有一个重要的原因——食物充足，侏罗纪的气候适宜，植物生长繁茂，这为恐龙的体型能越长越大打下了坚实的基础。史上最大的恐龙，也是目前发现的最大的陆生动物，就属蜥脚类恐龙了，它们中间最大的一位——震龙，更是大得让我们难以想象，从名字我们就可以看出它是多么的庞大，走路像地震一样。震龙身长有39～52米，身高达到18米，体重能达到130吨。

自然的选择——万古不变的规律

DONGWU JINHUA

◆巨大的蓝鲸像一艘潜水艇

震龙是地球上存在过的最大的一种陆地动物，但如果将海洋中的动物也包括在内，那它就不能算是最大的，因为在陆地受到重力的影响，体形会受到限制。世界上最大的动物要数今天海洋中的蓝鲸，这是因为水中不受重力影响，只要有充足的食物，动物的体形可以尽量地长大。1920年在南极海域捕获的一头蓝鲸，长33.58米，体重170吨。

人类体型的进化

动物体型越来越大，包含着自然选择的思想，在现代动物进化中，不难看出这一点。例如，狮群中最大最强壮的那一头才有能力打败其他的对手，赢得交配权，将自己的基因遗传给下一代，经过世代的选择，狮群中公狮的体型会越来越大。最直接的例子还是我们人类，人类最初的时候男人和女人体型是差不多的，但后来由于有了社会分工，男人的任务偏向

◆男人的体形要比女人大

于体力方面，如采集、打猎等，久而久之，男人的个子就逐渐比女人的个子大了。

动物进化

SISHI YINIAN DE FENGYU LICHENG

40亿年的风雨历程

你知道吗

动物体型进化趋势是逐渐变大的，但体型是有最大极限的，而且也不是说就体型一定越大越好，因为体型越大，要求有更加庞大的肌肉系统给予支持，这样将会消耗更多的能量，需要的食物也越多，而食物资源往往是有限的。再者，个子过高对心脏也是一个挑战，因为这时血压可能会很高，一般动物的心脏和血管就很容易会破裂，所以动物的个子也不能无限地高。

动物进化

◆长颈鹿的进化，它还会继续长高吗？

是不是体形越大越好？

我们知道，地球历史上有几次生物大灭绝，对于大灭绝的原因有许多说法，但有一点是可以肯定的，体型大的生物在大灭绝中都消失了。原因很简单，当环境遇到某种原因——不管是小行星撞击，还是火山活动而骤然发生变化时，植物都会减少，体型巨大的植食性动物就会首先灭绝，大型食肉类动物随之也就灭绝了。例如6500万年前，最近的那次生物大灭绝，不可一世的恐龙灭绝了，不仅如此，平均体重在10千克以上的动物也都灭绝了，占到灭绝总数的70%以上。

自然的选择——万古不变的规律

拓展思考

1. 说说大个子的优势和小个子的优势各是什么？
2. 为什么生物大灭绝时大个子总是惨遭淘汰？
3. 据调查，人类的个子还在不断增高，想一想将来我们人类的体型将向什么样子发展？

动物进化

40亿年的风雨历程

动物进化

最有效的防御
——千奇百怪的伪装

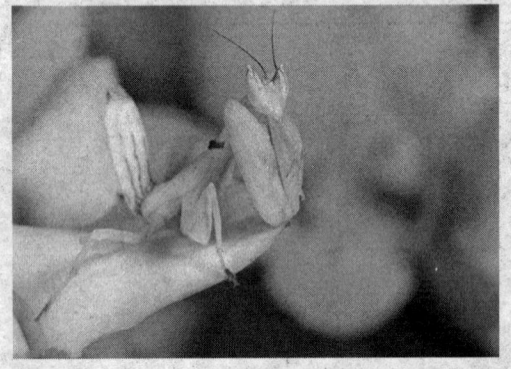
◆花瓣上的螳螂

动物在激烈的竞争中，有的进化出盔甲，有的进化出毒液，有的进化出强健的体魄，然而有一种防御手段却非常之高明，那就是伪装。动物经过几亿年的进化，进化出各种各样千奇百怪的伪装术。这一节我们就来欣赏一下大自然的鬼斧神工，动物们的绝技——伪装。

千奇百怪的伪装

伪装作为一种生存技能，动物们往往能将其发展到极致，通过跟周围环境融为一体，起到隐身的功效，有的甚至可以以假乱真。前面讲到过的桦尺蛾的颜色就是一种伪装色。这种伪装可以迷惑敌人，避免被吃掉，动物界还有很多更加高超的伪装专家，下面就来看看它们。

◆花瓣中的蜘蛛

自然的选择——万古不变的规律

动物进化

◆枯叶中的蝴蝶

◆树干上的猫头鹰

◆猎豹擅长伏击

◆叶海龙

◆在图的左上角有一只蜥蜴

伪装的种类

动物伪装有两种，一种是将自己伪装成其他动物的样子或枯叶、石头

 SISHI YINIAN DE FENGYU LICHENG

40亿年的风雨历程

动物进化

◆林鸱　　　　　　　　◆䲟鱼

或鸟粪等一类没吸引力或猎物觉得无害的东西，另一种伪装是伪装色，将自己融入到环境中，如北极熊、北极狐的体色为白色。动物们这样做不是简单地为了伪装，而是为了让捕食者上当或让猎物放松警惕，总之都是为了更好地生存。掠食者的辨识能力在伪装的进化上起着重要的驱动作用。

不但一些弱小的动物学会了伪装，就连一些捕食者也学会了伪装。前者学习伪装是为了逃避敌害，后者学习伪装是为了不被猎物发现，更好地捕食，捕食者与被捕食者就这样互相欺骗，将伪装这一独特生存手段进化到了登峰造极的地步。

 拓展思考

1. 我们已经知道皮肤的功能了，那么这些伪装和皮肤有什么联系？
2. 去野外玩耍的时候观察一下野外的小动物和小昆虫，看一看它们的伪装。

自然的选择——万古不变的规律

DONGWU JINHUA

隐患——特化器官

在进化的过程中，有的动物为了适应一种独特的生存环境，某些器官会出现特异性的进化，从而形成特化器官。例如马从多趾向单蹄方向发展，爱尔兰鹿有特别发达而沉重的角等，都是特化式进化的结果。特化器官的存在，印证了达尔文生存竞争导致进化的论断。这些动物在生存的压力下，不得不改变身体的结构，以适应这种特殊的环境。

◆马的蹄是特化器官

动物进化

捕食导致的器官特化

◆长颈鹿的脖子是特化器官

一般情况下所说的特殊环境，实际上就是某个地域的局部环境，它可大可小，但必须是孤立的自然环境，有着自己的种群和生态群，在这样的环境中才容易形成特化物种。动物特化器官及其功能特征都是对特殊的局部环境进行高度适应的结果，由于特化物种基因高度纯化，大大缩小了原有的适应范围，因此在自然环境发生大的突变时，这些物种往往很难继续生存下去。在进化这棵"树"上，这些物种往往是盲枝，灭绝是早晚的

——○"科学就在你身边"系列——— ·159·

SISHI YINIAN DE FENGYU LICHENG
40亿年的风雨历程

◆剑齿虎

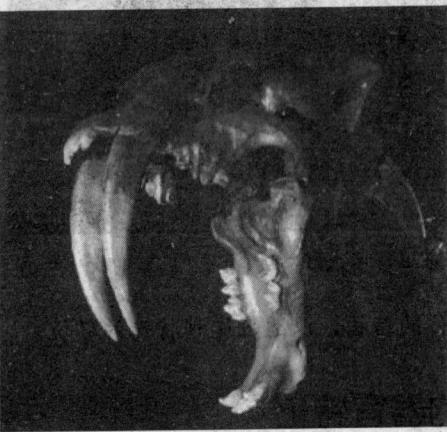

◆剑齿虎头骨模型

动物进化

事，所以拥有特化器官并不是什么好事。

引起动物器官向特化器官进化的原因有很多。例如捕食的需要，最有名的例子就是剑齿虎的进化。在距今3500万年前出现了古剑齿虎，经过千万年的进化，到了大约300万年前，进化成剑齿虎。剑齿虎是一种大型猫科动物，与现代虎差不多，但它的上犬齿却比现代虎的犬齿大得多，甚至比雄野猪的獠牙还要大，如同两柄倒插的短剑一般。但剑齿虎的下犬牙相对上犬牙已经退化，这样的牙齿对付大象、野牛等一些大型动物特别有效，可以一下子豁出两条非常深的伤口，使猎物流血不止而死。剑齿虎无疑在当时是一种非常可怕的杀手，无论什么动物对它来说都是一击毙命。然而正是它的这些优点，导致了它的灭绝。

大约在1.1万年前，全球气候开始变暖，气候的变化导致大型食草动物大量减少，剑齿虎的主要食物——乳齿象灭绝，而剑齿虎因为靠伏击大型猎物而著名，但其奔跑速度并不是太快，所以捕食较小形的、奔跑速度较快的动物显得力不从心。剑齿虎与人类共同生存了300万年，最终这种盛极一时的顶级草原霸主就这样灭绝了。

择偶导致的器官特化

引起器官特化的另外一个原因是择偶，动物界往往有这么一条不成文

自然的选择——万古不变的规律

DONGWU JINHUA

的规定，那就是在择偶时，雌性具有选择权，雄性为了赢取交配机会，不得不在吸引雌性眼球上下功夫，例如爱尔兰鹿的大角。爱尔兰鹿曾经是生活在地球上的最大的一种鹿，所以又称巨鹿。这种鹿有一个巨大的鹿角，鹿角宽度能达到3.65米，重达40千克。有人分析，爱尔兰鹿长这么大的角行动不便，是不符合进化规律的，但有一点可以解释这种进化，那就是雌性的选择，角大的鹿能够得到较大的交配机会，所以久而久之，鹿角会越变越大。事实证明，这种鹿角确实没多大用处，并最终导致这个物种的灭亡。

◆爱尔兰鹿巨大的鹿角

动物进化

你知道吗

◆孔雀开屏

雌性选择在自然界是非常常见的一种现象，这种选择往往能产生特化器官，如孔雀的尾羽。雄性孔雀虽然好看，但由于过于鲜艳，很容易被捕食者发现，然而雄性孔雀不会在乎被吃掉，因为更重要的是：不能交配延续后代，一切都是徒劳。

40亿年的风雨历程

今天的动物面临的挑战

◆猎豹也是一种特化了的物种，基因高度纯化

今天的动物界，有许多动物都已经是特化物种，例如猎豹。猎豹是当今最优秀的捕猎者之一，它的全身从上到下都是为了一个目标而进化的，那就是跑得更快，为了达到这个目的，它不惜牺牲自己的体型，让自己变得更加瘦小，并呈流线型，这样它就可以跑得非常快。猎豹可以单独捕猎，捕猎成功率达到50%。这一成功率要比狮子高很多。猎豹牺牲的还不只是它的体型，还有它的基因多样性，猎豹的基因已经高度纯化，往上追溯十几甚至几十代，它们的基因也几乎都相同，这使猎豹处于非常危险的境地，环境一旦改变，它就可能灭绝。

像猎豹这样的动物，今天不在少数，而且随着人类对环境的改变，全球变暖、环境污染、臭氧空洞等环境问题的出现，这些特化物种正面临着前所未有的危机。从有记载的1600年到现在，各种物种灭绝量已达724种，而且这一数字还在加速增长中，这也被称作地球上即将出现的第六次生物大灭绝。

拓展思考

1. 濒临灭绝的物种中，你还能举出哪些个物种？它们中的哪些是由于特化而面临灭绝的？
2. 想一下特化器官的优点和缺点，增进对特化器官的了解。

自然的选择——万古不变的规律

DONGWU
JINHUA

亵渎自然法则
——人工选择

我们对自然选择已经有所了解,自然选择也称"自然淘汰",是达尔文进化学说中的主要机制。通过对空间和食物的竞争,捕食者与被捕食者的作用,物种中有利变异会存活下来,而不利变异就会被消灭,这是一种无形中的选择,是一个适者生存、不适者淘汰的过程,这个过程就是自然选择。

◆蛋鸡是人类对鸡长期选择的结果

动物进化

捕杀

◆灰狼

所谓人工选择,就是人类根据自己的意志,对物种进行的定向性选择,对人类有利的物种就加以保护,对人类有害的物种就加以捕杀。这种选择造成了大量物种的灭亡,例如美国在西进运动中,大量养殖牛羊类,但美洲草原灰狼对这些家畜的威胁很大,因此美国人开始对灰狼进行围捕和屠杀。

40亿年的风雨历程

SISHI YINIAN DE FENGYU LICHENG

◆人类猎杀穿山甲

◆非洲象惨遭屠杀

欧洲人第一次登上美洲大陆时，大约有40万只灰狼生活在广袤的美洲土地上，由于多年的围捕与屠杀，灰狼种群数迅速减少，终于在1973年被列入濒危物种名单。

由于灰狼被大量捕杀，羊群得到了保护，但狼群和羊群是一种竞争关系，狼群被大量捕杀后，羊群缺乏竞争对手，羊的质量下降严重。有狼群在的时候，羊群中的老弱病残被大量消灭，保持着羊群的活力。没了狼群，羊群中的弱者就会增加，并影响羊群的整体质量。

如果是动物们侵害了人类的生命财产安全，人类进行反击，这还说得过去，下面的例子又作何解释？人类在几千年前就已经进入农耕社会，通过劳动足以丰衣足食了，但近代以来随着人类生活水平的提高，人类对食物的需求也不再局限于常见的五谷杂粮，而将矛头转向一些野生动物，各种昆虫、蛇、鲸等等，只要能抓到，就有人敢吃。所以说人类是地球上最有名的杂食性动物一点不过分。

说完吃还有穿，人类会为了一件虎皮大衣或貂皮大衣而去杀害无辜的动物，会为了一串象牙项链而去捕杀与世无争的大象，这样的例子不胜枚举，人类的这种嗜好导致一些动物灭绝或濒临灭绝，这也算是一种人工选择，但这种选择对动物们非常不公平，人类与动物们的力量根本不在一个层次上。正所谓"力量越大，责任越大"，而人类今天所做的一切却只是证明了"力量越大，毁灭越大"。

自然的选择——万古不变的规律

近一个世纪我国灭绝部分物种统计表

灭绝物种	灭绝年代	简 介
新疆虎	1916年	是我国虎种的五个亚种之一。根据记载，最初是从博斯腾湖附近获得它的标本。由于森林破坏，种群迅速减少。人类最后一次发现新疆虎，是在1916年。在这以后的数十年间，科学工作者曾多次寻找过它们的踪迹，但始终再也没发现过。可以说，新疆虎主要是在人类破坏自然环境之后结束它们最终的生命历程的。
中国犀牛	1922年	由于犀牛角极具价值，犀牛在中国也遭到猎杀。1916年，最后一头双角犀（苏门答腊犀）被捕杀；1920年，最后一头大独角犀（印度犀）被杀；1922年，最后一头小独角犀（爪哇犀）被杀。在这最后十余年间，共捕杀不足10头。此后，没人能在中国再看到任何一头犀牛。
豚鹿	约1960年后	20世纪50~60年代，豚鹿在中国云南西南部（耿马、西盟）被发现（收购到角和皮）。在耿马地区，估计有10余只（彭鸿绶等，1962）。3年后，杨德华等（1965）调查，仅发现4只。80年代末期再作调查时，耿马地区已经绝迹。中国濒危动物红皮书宣布豚鹿在中国绝迹。
直隶猕猴	20世纪80年代	直隶猕猴曾是分布在中国最北方的灵长类动物，在上个世纪时有少数被带到国外，其中一部分放养在英国伦敦和法国巴黎的动物园里，一直活到20世纪初期，其标本至今还保存在英国自然历史博物馆内。另外，在20世纪20~30年代我国北方城镇街道上的耍猴卖艺者所牵的也是这种猕猴。但从那时以后，就几乎再也见不到了。
华南虎	2001年	鉴于2000~2001年对华南虎及其栖息地的调查搜索过程中没有看见一只野生的身影，国外一些学者认为野生华南虎已经灭绝。
白鳍豚	2006年	估计白鳍豚仅分布于江苏江阴至湖北荆沙段长约1400千米的长江中下游干流中。长江的水利工程建设、渔业的发展、航运的发达、沿江工业建设造成的水体污染等，都直接或间接给白鳍豚的生存带来不利影响，估计已经灭绝。

动物进化

SISHI YINIAN DE
FENGYU LICHENG

40亿年的风雨历程

◆中国犀牛（已灭绝）

◆野生华南虎已经绝迹

驯化

动物进化

当然人工选择还有一种形式，那就是物种的驯化。例如狗、马和一些家畜，都是人类在长期的饲养过程中，淘汰那些具有野性的个体，保留温顺的个体，于是，野性十足的野生动物就被驯化成了温顺的家畜。这种人工选择类似于自然选择，利用微小的有利变异得到积累而成为显著的有利变异，从而产生了适应特定环境的生物新类型。

人工选择也是一种自然现象，虽然它违背了自然选择的规律，但无论是自然选择还是人工选择，都达到一个目的，那就是淘汰物种，只不过自然选择淘汰的是那些不能适应环境的物种，而人工选择淘汰的是那些不能适应人类喜好的物种。

拓展思考

1. 你身边有吃野味的人吗？说一说吃野味的危害。
2. 我们国家是禁止盗猎的，说说盗猎的危害。
3. 人工驯化可以产生新物种，想一想这种方式产生物种的优点和缺点。

自然的选择——万古不变的规律

DONGWU JINHUA

任何生物终究逃不脱自然的选择
——人类将何去何从

到目前为止，在茫茫宇宙中，找不到第二个适合人类生存的星球。地球只有一个，引用150年前一位印第安酋长的话——"地球不属于人类，而人类属于地球"，人类属于大自然的一部分，不可能"逃出"地球的手掌心，所以人类必须乖乖听大自然的话，不然吃亏的只能是人类自己，然而人类并不像想象中的那么听话。

◆人类将何去何从？

动物进化

人类的罪过

自从人类进化成功以后，特别是近代工业革命以来，人类越来越注意到生物源制品的实用价值，并对其肆意地加以开发，却忽视了生物多样性对自然界的价值，使地球生命维持系统遭到了人类无情的破坏。据估计，如果没有人类的干扰，在过去的2亿年中，平均大约每100年有90种脊椎动物灭绝，平均每27年有一个高等植物灭绝。然而人类出现后，鸟类和哺乳类动物灭绝的速度提高了100～1000倍。特别是1600年以来，有记录的

40亿年的风雨历程

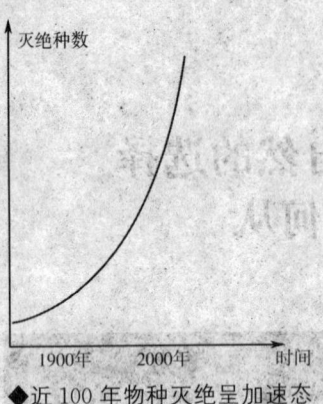

◆近100年物种灭绝呈加速态势

◆全球热带雨林被大量砍伐

动物进化

◆想象一下未来的地球将是什么样子

高等动物和植物已灭绝724种。而绝大多数物种在人类不知道以前就已经灭绝了。科学家经过粗略估算，在这400年间，生物生活的环境面积缩小了90%，物种减少了一半，其中由于热带雨林被砍伐对物种损失的影响最为突出，因为热带雨林是地球上物种最丰富的生态系统，它的毁灭无疑会带来一系列的毁灭。估计从1990～2010年，由于砍伐热带森林引起的物种灭绝将使世界上的物种减少5%～15%，即每天减少50～150种。

在过去的400年中，全球共灭绝哺乳动物58种，大约每7年就灭绝1种，这个速度较正常化石记录提高了7～70倍；在刚过去的20世纪的100年中，全世界共灭绝哺乳动物23种，大约每4年灭绝1种，这个速度较正常化石记录高13～135倍，这些数据触目惊心。因为人类的活动，生物多样性受到有史以来最为严重的威胁。

自然的选择——万古不变的规律

DONGWU
JINHUA

人类该怎么办？

人类今天的行为确实有些过分了，许多人都在思考着一个问题，那就是：我们能给下一代留下一些什么呢？生物多样性遭到破坏后，食物链断裂，这将导致更多的物种灭绝，我们是不是要给后代留下一个只有人类1个物种的地球？不断攀升的数字警告人们，人类改造世界的美梦是不现实的，假如地球上真的只剩下人类，那么人类灭绝也将是早晚的事了。

◆地球荒漠化严重

人类是大自然的产物，大自然会像对待其他动物一样公平地对待人类，自然法则在人类身上一样适用，因为人类的适应能力非常强，所以大自然没有将其淘汰。但如果人类执意要破坏大自然的话，这就是一种不适应环境的表现，是要被淘汰的。所以人类要提高警惕，不要被自己的能力冲昏了头脑，毕竟我们的地球只有一个，要想生存，还得善待我们的地球才行。

◆《京都议定书》签订大会

在善待环境方面，我们人类已经开始行动，为了应对全球气候变化，1997年12月，世界各国在日本京都通过了著名的《京都议定书》，并于1998年3月16日至1999年3月15日间开放签字，共有84国签署，条约于2005年2月16日开始强制生效，到2009年2月，一共有183个国家通过了该条约（超过全球温室气体排放量的61%），《京都议定书》的签订，将在很大程度上减少温室气体排放，减缓温室效应带来的危机，使许多动物免受灭顶之灾，同时我们人类也会从中受益。

动物进化

SISHI YINIAN DE
FENGYU LICHENG

40亿年的风雨历程

拓展思考

1. 气候在变化，我们该做些什么来保护我们的地球呢？
2. 气候改变将导致许多动物灭绝，你能说说这是为什么吗？
3. 动物物种在加速灭绝，这将对我们人类产生什么影响？

动物进化

进化的钥匙
——谈谈基因

一切生物要想延续,都必须繁殖后代,正是在这一代又一代的繁衍过程中,由于子代与亲代有一些微小的差异,导致了生物的进化。在繁殖后代的过程中,基因是遗传物质,它控制着动物的性状,子代与亲代不同的最终原因就是基因型的不同,可以说进化的本质就是基因的进化,基因像一把钥匙一样控制着动物的进化。现在就让我们来拨开基因的神秘面纱吧。

进化的钥匙——谈谈基因

DONGWU JINHUA

基因突变——进化之泉源

要想了解基因突变，首先得知道基因是什么。基因就是我们常说的遗传因子，是遗传物质的基础，是DNA（脱氧核糖核酸）分子链上具有遗传信息的特定核苷酸序列的总称，通俗地讲，基因就是具有遗传效应的DNA分子片段。基因与遗传有关，通过复制把遗传信息传递给下一代，使后代出现与亲代相似的性状。这就是基因，

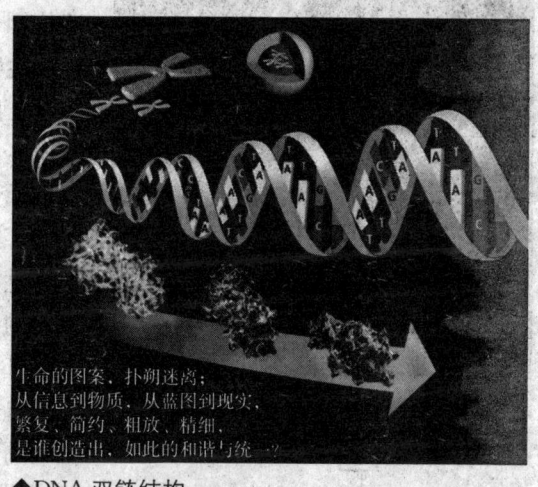

生命的图案，扑朔迷离；
从信息到物质，从蓝图到现实，
繁复、简约、粗放、精细，
是谁创造出，如此的和谐与统一？

◆DNA双链结构

它控制着生物体的生老病死和一切有关生命现象。例如，人类大约有几万个基因，储存着生命孕育生长、凋亡过程的全部信息，通过复制、表达、修复，完成生命繁衍、细胞分裂和蛋白质合成等重要生理过程。

DNA是什么？

DNA是染色体的主要成分，是遗传物质的基本组成单位，译成中文就是脱氧核糖核酸，有时被称为"遗传微粒"。DNA分子通过连接成链状，组成DNA分子链，两条分子链之间通过四种碱基相连，然后双螺旋化，并与蛋白质结合形成染色体。DNA是基因的载体，一条DNA链上有一个或多个基因序列。所以说，基因突变实际上是发生在DNA链的DNA分子上，其实质是分子上的碱基的改变或缺失。

动物进化

40亿年的风雨历程

基因

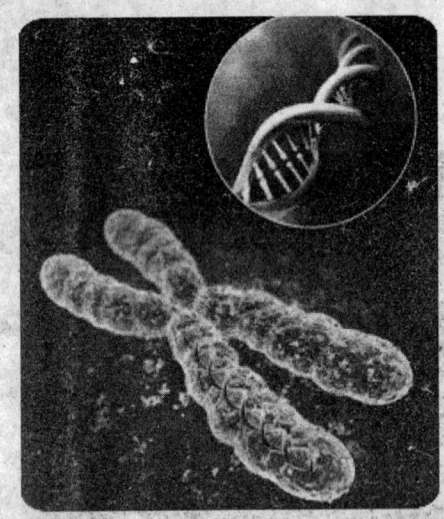

◆染色体

◆DNA分子连接成链示意图

动物进化

基因是生命的密码，记录和传递着遗传信息。19世纪60年代，遗传学的创始人孟德尔经过实验最早提出遗传因子的观点，这个遗传因子能够控制生物体的性状，如个子高低、相貌、皮肤颜色等。这个遗传因子后来被命名为基因。到了20世纪初，摩尔根通过对果蝇的研究进一步证明了基因存在于染色体上，并在染色体上呈线性排列，从而得出染色体是基因载体的结论。

基因有两个特点，一个是忠实地复制自己，一个是突变，这两个特点看似矛盾，其实不然，首先基因是遗传物质，为了能够稳定遗传，它势必要忠实地复制自己，否则后代会一代一个样；突变其实跟基因复制自己并没有关系，突变虽然是发生在基因上，但由于突变概率非常小，从百万分之一到十亿分之一不等，这么低的概率，对于一个基因来说是可以忽略的，因为任何事物都会有误差，所以可以认为基因是忠实复制，但对于一个种群或物种来说就不一样了，因为一个物种中通常有很多个体，整个物种的基因突变总量是很高的。

进化的钥匙——谈谈基因

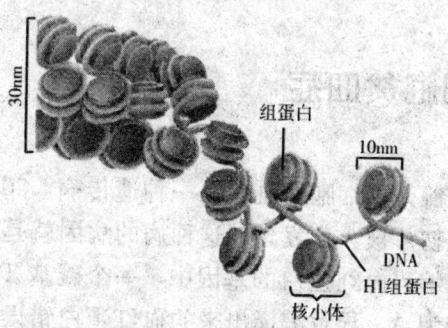

◆DNA与蛋白质结合示意图

然而，我们不能小看那几亿分之一概率的突变，正是这小小的突变，创造了今天丰富多彩的世界。突变一般有个特点，那就是少利多害，也就是说，大部分的突变都是有害的，拥有有害突变的个体一般很难适应环境而死去，但也有少量的有利突变，这些突变就是动物进化的源泉，一旦动物拥有了有利的突变性状，就会比以前更加适应环境，从而大量繁殖，使这种突变"发扬光大"，久而久之，有利的突变积累得越来越多，动物就朝着越来越高的等级进化。今天我们人类身上每一个组织器官，都能在漫漫进化路上找到它的起源。

 **你知道吗**

基因突变分为很多种，根据基因结构改变的类型可分为：①碱基置换：某位点的一对碱基改变造成的；②移码突变：某位点添加或减少1~2对碱基造成的；③缺失突变：基因内部缺失某个DNA小段造成的；④插入突变：基因内部增添一小段外源DNA造成的。这些突变中，①和②较容易创造出新的有利突变，另外两种一般只要出现就会造成个体

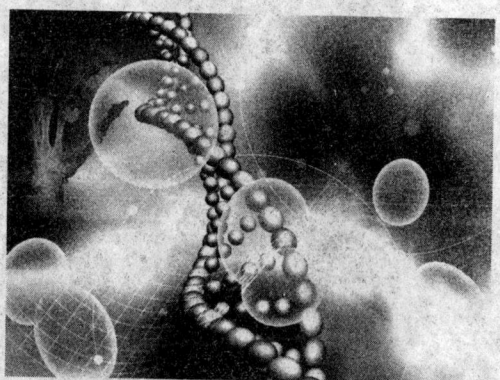

◆基因突变会导致性状改变

死亡或残疾。所以基因突变对于某个个体而言可能是有害的，但从对生物进化的作用上来看，它的作用是不可替代的。

镰刀型细胞贫血症

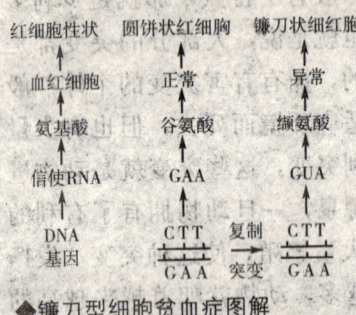

◆镰刀型细胞贫血症图解

镰刀型细胞贫血症是一种遗传病，20世纪初才被人们发现，这种病的病因就是由于编码血红蛋白的基因中，一个碱基T突变为A，导致编译出来的血红蛋白错误折叠，血红细胞不是正常的圆饼形，而是镰刀状的，这种细胞容易破裂，形成溶血。患者一般都是痛苦地生活，在20岁之前死亡。

◆正常红细胞与镰刀型红细胞对比

进化的钥匙——谈谈基因

链接——中心法则

中心法则是指遗传信息从 DNA 传递给 RNA,再从 RNA 传递给蛋白质,即完成遗传信息的转录和翻译的过程。也可以从 DNA 传递给 DNA,即完成 DNA 的复制过程。这是所有具有细胞结构的生物所遵循的法则。

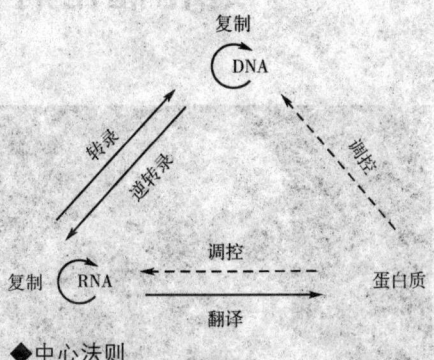

◆中心法则

拓展思考

1. 基因突变为什么能导致动物的进化?
2. 想一想,画一画 DNA 的结构。
3. 想一想中心法则都有哪些用途。

40亿年的风雨历程

进化催化剂——基因重组

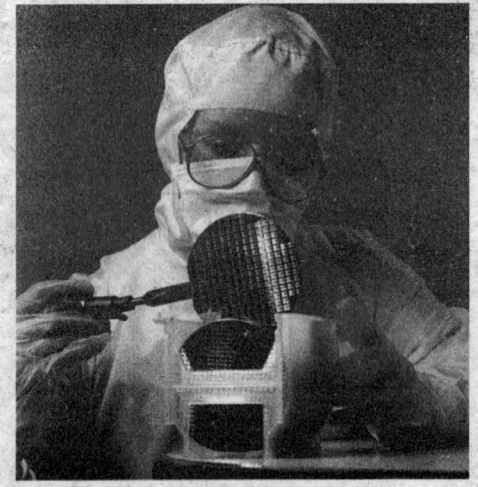

◆基因重组

如果说基因突变是进化的源泉的话，那么基因重组就是催化剂，能够将基因的突变以最快的方式在物种种群中传播开来。由于动物是一代一代地传递的，如果没有基因重组的话，子代个体会跟亲代一样，而不会有广泛的变异。所以基因重组的重要性不亚于基因突变，基因重组有多种形式，这一节，我们就来认识生物界这一关键的机制——基因重组。

基因重组

动物界的基因重组可分为两种，一种就是上面提到的，两个基因分别在两条染色体上的重组，这种重组是在亲代形成配子的时候，同源染色体分离，非同源染色体自由组合的结果。另一种重组是在同一条染色体上的重组，这种重组是在减数分裂联会期，同源染色体上的姊妹染色单体通过交换形成重组

◆转基因小鼠

进化的钥匙——谈谈基因

配子。

从广义上讲，任何造成基因型变化的基因交流过程，都叫作基因重组。而狭义的基因重组仅指涉及DNA分子内断裂—复合的基因交流。动物在减数分裂时，通过非同源染色体的自由组合形成各种不同的配子，雌雄配子结合产生基因型各不相同的后代，这种重组过程虽然也导致基因型的变化，但是由于它不涉及DNA分子内的断裂碳复合，因此不包括在狭义的基因重组的范围之内。

◆转基因蔬菜

基因重组还有很多种，上面的两种只是高等动物有性生殖时重组的方式，无论是以何种方式进行重组，都引起了子代的变异。而前者的变异能力要大于后者，因为交换的概率是非常小的，而且还跟两个基因在染色体上的位置有关，距离远的两个基因交换的概率要远远大于距离近的两个基因交换的概率，这就是著名的基因连锁。

小博士

基因重组例子

羊的两条染色体上的两个基因分别决定羊的毛色和毛的长度，亲代是黑色长毛和白色短毛，如果没有基因的重组，那么它们的子代就只会出现黑色长毛和白色短毛的羊，正是由于基因重组的原因，这两种羊交配后子代会出现四种毛和毛色：黑色长毛、黑色短毛、白色长毛、白色短毛。

基因重组的意义

由于基因重组是随机的重组，所以物种内部的一些有利基因与有害基因也是自由组合的。有害基因与有利基因是相对而言的，例如前面讲过的工业革命中桦尺蛾的颜色问题。在19世纪中叶，桦尺蛾的白色基因是有利基因，到了19世纪末的时候，白色基因就变成有害基因了，而黑色基因则

40亿年的风雨历程

◆白菜和甘蓝复合体——白菜甘蓝

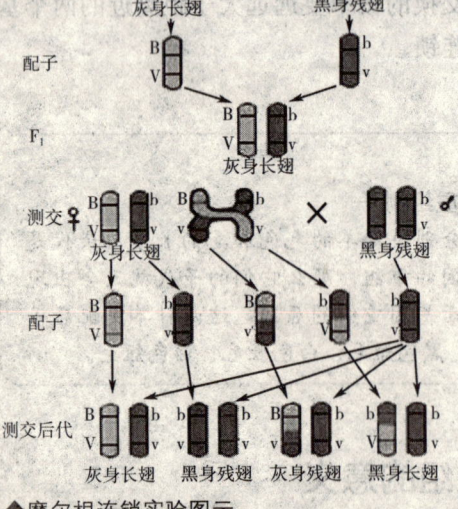

◆摩尔根连锁实验图示

变成了有利基因。正是由于基因在种群内的随机分布，才使得每一种突变基因不至于丢失，在环境改变时，物种拥有更好的适应能力，使种群能够延续。

认识到基因重组的作用后，人们发明了基因重组技术，即将两个完全不同的物种的细胞进行融合，让它们的细胞核也融合，它们的染色体重组，形成一个全新的物种，这就是细胞融合技术。目前细胞融合重组DNA还只能在植物和原核生物上面成功，在真核高等动物上还是有一些技术上的问题，但这项技术的前景确实非常广阔。例如，白菜甘蓝，1981年和1990分别有人利用白菜和甘蓝进行杂交重组，形成新物种白菜甘蓝。

今天我们用的抗体疫苗，还有经常听到的转基因食品，都跟基因重组有关，这些都是利用转基因技术，将一些有利的基因转移到宿主细胞内，与宿主细胞内的DNA发生重组，得到具有一定功能的新的细胞或个体。例如，将人的某些基因转到牛的体内，牛长大后产的牛奶中会含有某些基因药物，经过提取后，可供人类治疗疾病。在猪的体内转入人的生长素基因，猪的生长速度会增加一倍，且肉质大大提高。但这些转基因食品也受到了广泛的批评，因为可能出现危害人类健康等问题。

进化的钥匙——谈谈基因

拓展思考

1. 简述基因重组的种类和意义。
2. 在日常生活中，有很多吃的、用的都跟基因重组有关，你能举出一些例子吗？
3. 简要说一说基因重组对动物进化的影响。

动物进化

SISHI YINIAN DE
FENGYU LICHENG

40亿年的风雨历程

财富——基因库

◆基因库就像一个个大仓库

前面我们已经了解了基因是什么，基因记录着动物的遗传信息，那么这一节将讲到基因库。顾名思义，它是一个群体基因的集合。对于动物来说，基因库具有重要的意义，因为任何一种动物都不能离开它的群体而独自生存。

什么是基因库

基因库，是一个种群中所有个体的基因型的集合。首先，在一定的地域内，一个物种的全部成员就是一个种群，这个种群中每个个体都有一套这个种群基因，而且由于生殖隔离，这些基因只能在种内交流。也就是说，不同物种之间不能进行交配。对二倍体生物来说，有 n 个个体的一个群体的基因库由 2n 个单倍体基因组所组成。因此，在一个有 n 个个体的群体基因库中，对每个基因座来说，各有 2n 个基因，共有 n 对同源染色体。例外的是性染色体和性连锁基因，它们在异型配子的个体中只有单

◆每个物种都有一个基因库

进化的钥匙——谈谈基因

份剂量存在。

基因库的特点

我们知道，生物的表现型是可以直接观察的，但基因型和基因无法直接观察，基因库中的变异是以基因频率的形式表现出来的（注：基因频率是某种基因在整个种群中出现的比例）。如果我们知道特定基因型及其相应的表型之间的关系，就能将表型的频率转换成基因型的频率。我们以 MN 血型为例，MN 血型有三种：M、N 和 MN，这是由一个基因座上的两个等位基因 L^M 和 L^N 所决定的。在我国北方汉族人群中抽取 9274 人的 MN 血型，2235 人为 M 型，4460 人为 MN 型，2579 人为 N 血型。将每种血型的人数除以总人数得到的是血型及其相应的基因型的频率，由此可以用来描述血型 M—N 基因座上的变异。由于这 9274 人是随机采集的样本，一个随机样本是一个群体的、有代表性的、无偏向的样本，所以可将观察到的频率看作这个群体的特性。

◆人群中 MN 血型由 L^M 和 L^N 基因决定

 **算一算**

由上面的计算可以得到，基因 L^M 的频率为 0.48，基因 L^N 的频率为 0.52，由此可以推断，这两种基因表现的性状，对种群的影响相差不大。如果两个基因的频率相差过大，假如一个是 0.01，一个是 0.99，那么前者的表现型肯定是不利于个体生存的。

SISHI YINIAN DE FENGYU LICHENG

40亿年的风雨历程

等位基因

◆黑猩猩由于等位基因突变而白化

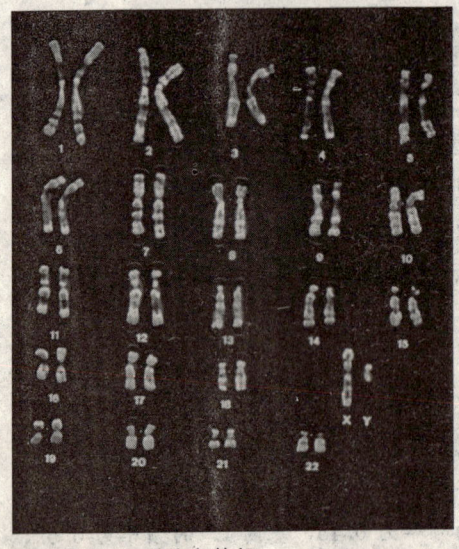

◆人类的23对染色体组

基因库中有很多这样的基因，称为等位基因。等位基因是位于一对同源染色体的相同位置上控制某一性状的不同形态的基因。不同的等位基因产生例如发色或血型等遗传特征的变化。靠等位基因控制相对性状的显隐性关系及遗传效应，可将等位基因区分为不同的类别。在个体中，等位基因的某个形式（显性的）可以比其他形式（隐性的）表达得多。

一对对的等位基因，构成了庞大的基因库，控制着个体的各种各样数不清的性状，等位基因的基础就是二倍体染色体，今天的大多数真核生物的体细胞都是二倍体，细胞内的染色体都是成对存在的，它们称为同源染色体，同源染色体上的相同位置上的基因就是一对等位基因。如果一个二倍体生物具有一对不同的等位基因，则这种生物为该基因的杂合子，反之则为纯合子。若杂合子的一对等位基因中只有一个能表达出性状，另一个不表达，则前者称显性基因，后者称隐性基因。如果一对等位基因同时表达，则称为共显性。

动物进化

进化的钥匙——谈谈基因

DONGWU JINHUA

你知道吗

对于种群中的个体来说，每对同源染色体的一个基因座上只有一对等位基因。但在一个动物种群中，一个基因座上的等位基因多于两种时，称为复等位基因。例如决定人类ABO血型系统的等位基因有三种，分别为IA、IB和i。就每个人而言，只可能具有这3种复等位基因中的1种或2种，从而表现出特定的血型。在这里，IA和IB对i而言是显性，IA和IB是共显性，i是隐性。

血型	基因型
A	AA、Ai
B	BB、Bi
O	ii

人类基因组计划

人类也有自己的基因库，为了了解人类庞大的基因库，在1990年启动了人类基因组计划（human genome project，HGP）。人类基因组计划是由美国科学家于1985年率先提出的，美国、英国、法国、德国、日本和我国科学家共同参与了这一耗资达30亿美元的人类基因组计划。按照这个计划的设想，在2005年，要把人体内约10万个基因的密码全部解开，同时绘制出人类基因的图谱。换句话说，就是要揭开组成人体4万个基因的30亿个碱基对的秘密。这项计划的成功实施，使许多人从中受益。人类基因组计划、曼哈顿原子弹计划和阿波罗计划并称为三大科学计划。

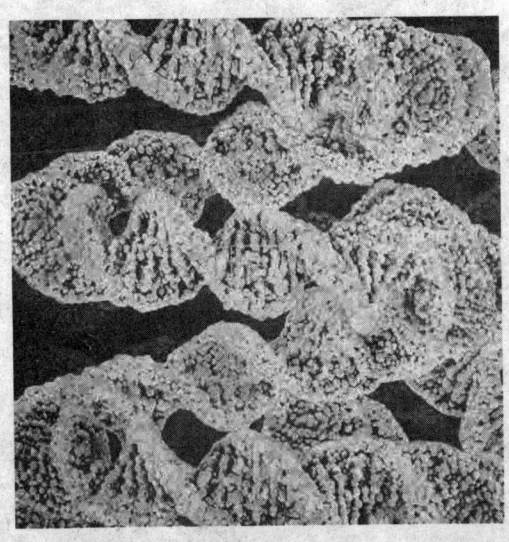

◆人类庞大的基因库

动物进化

SISHI YINIAN DE
FENGYU LICHENG

40亿年的风雨历程

拓展思考

1. 想一想基因库的特点和功能。
2. 基因库的大小对物种的影响是什么，在进化中的作用是什么？
3. 人类基因组计划有什么用途？

动
物
进
化

进化的钥匙——谈谈基因

动物界禁忌——近交繁殖

达尔文对进化学的贡献是无人能企及的，但正是这么一位伟大的人物，却犯了一个致命的错误，由于不懂遗传，达尔文娶了自己的表姐爱玛，并与其生下6男4女，然而没有一个孩子身体健康：两个大女儿未长大就夭折了，三女儿和两个儿子都终身不育，其余的孩子也都被病魔缠身，智力低下。达尔文对此百思不得其解，直到晚年研究植物进化过程中发现，异花授粉的个体比自花授粉的个体，结出的果实

◆达尔文与他的妻子爱玛

又大又多，而且自花授粉的个体非常容易被大自然淘汰。这时他才恍然大悟：大自然讨厌近亲婚姻。这也就是他与表姐婚姻的悲剧所在。

 **名人介绍：英国生物学家——达尔文**

查尔斯·罗伯特·达尔文，英国生物学家，进化论的奠基人。1809年2月12日诞生在英国的一个小城镇，曾乘贝格尔号舰作了历时5年的环球航行，对动植物和地质结构等进行了大量的观察和采集，经过综合探讨，形成了生物进化的概念。出版《物种起源》这一划时代的著作，提出了生物进化论学说，从而摧毁了各种唯心的神造论和物种不变论。

近亲繁殖的危害

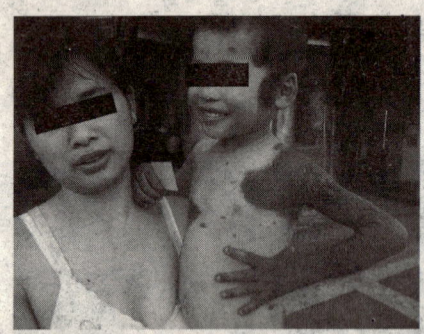

◆近亲结婚的结果

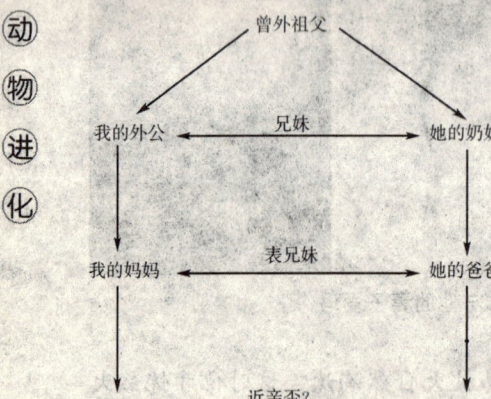

◆我和她是不是近亲?

在遗传学中,近交繁殖也称近亲婚配,是一种完全或不完全的同型婚配,近亲繁殖一般可分为全同胞(同父母的兄妹)、半同胞(同父异母或同母异父)和表兄妹之间的婚配。近亲繁殖是有害的,这表现在基因上,例如一种致死病基因为a,它的等位基因是非至死基因A,所以AA型和Aa型的个体都是正常的,当种内随机进行交配时,Aa型与Aa型相遇的机会就会小些,但如果是近亲结婚,那么双方都为Aa型的概率就会大大增加,这样其子女致死的概率就会是1/4,远远大于随机交配的概率。

近交还有一个危害就是使整个种群分化,例如一个等位基因A和a,同型交配的最终结果是使群体分化成两个纯系,AA和aa,如果是两个等位基因AB和ab,那么群体将分化为四个纯系,即AABB、Aabb、aaBB和aabb。以此类推,会分化成更多的纯系。纯系内遗传差异很小,但纯系间的差异却很大,纯系与纯系之间的差异达到一定程度的时候,物种就会分化,且分化开的两个新种群的适应能力都会相应减弱,因为它们的基因更加纯化了,前面我们已经知道,基因越纯化,当环境改变时,种群中由于基因组成单一,没有可适应新环境的基因,非常容易灭绝。

进化的钥匙——谈谈基因

杂交优势

◆驴

◆马

　　与近交相反，杂交可以使群体一致，通过杂交，种群中杂合子频率会大大增加，这相当于增加了相互间没有差异的杂合子在群体中的比率，从而加大了群体的一致性。例如纯系 AA 和 aa 杂交，子代全部是 Aa，两个本来不同的纯系，变成了完全一致的群体。杂合体的适应能力远远大于纯合体，例如 A 表型适合环境时，A 基因的频率会在这个种群中增加，当环境改变时，这个种群中的 A 表型个体可能会死去一部分，这时 a 基因的频率会上升，从而使种群适应新的环境。

　　杂交后代生活能力强的这一特点被称作杂种优势，这是生物界一个普遍的现象。人们将这一规律运用到生产生活中，得到了许多喜人的成果。例如早在 2000 年前，中国人就用母马和公驴交配而获得体力强大的杂种——

◆骡

动物进化

SISHI YINIAN DE
FENGYU LICHENG

40亿年的风雨历程

役骡，为人类历史上开辟了观察和利用杂种优势的先例。在孟德尔开创遗传学之后，杂种优势的研究和运用上升到一个新的层次，并得到进一步发展。

拓展思考

1. 什么是近亲繁殖，什么是杂交优势？
2. 为什么近亲繁殖会带来那么大的危害？
3. 杂种的优势体现在它的适应能力上，但不是任何两种动物都能杂交，这是为什么呢？

动物进化

进化的钥匙——谈谈基因

DONGWU
JINHUA

生命进化之树上的谬误
——C、N值悖理

人类的探索精神是无止境的，但凡大事小事都要问个究竟，对于生命体这个巨大的谜，多少代的科学家都投入了他们毕生的精力。人类很清楚，生命是从低等到高等进化来的，那么在这中间肯定能够找到什么规律，因为万事万物都有其各自的规律。科学家们相信这个世界是完美的，但在寻找进化的规律时，他们却碰到了困难。这就是C、N值悖理。

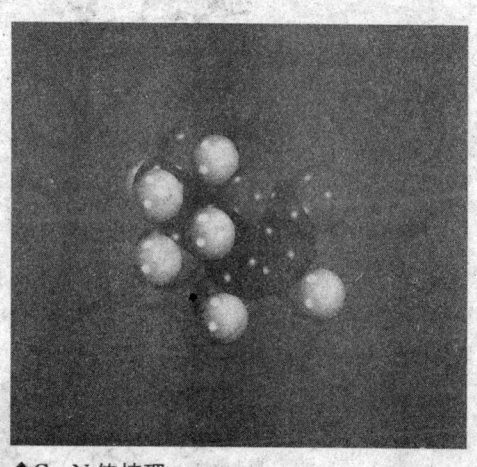
◆C、N值悖理

动物进化

C值悖理

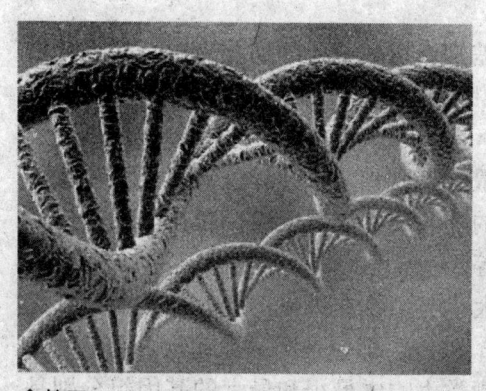
◆基因

生命的进化顺序是从低等到高等进化的，生物分类学家们根据各类生物间的亲缘关系的远近，把各类生物放置到有分枝的树状的图表上，这就是进化树。进化树可以简明地表示生物的进化历程和亲缘关系。所谓C值，就是生物体的单倍体基因组所含DNA的总量。每种生物各有其特定的

"科学就在你身边"系列 · 191 ·

40亿年的风雨历程

动物进化

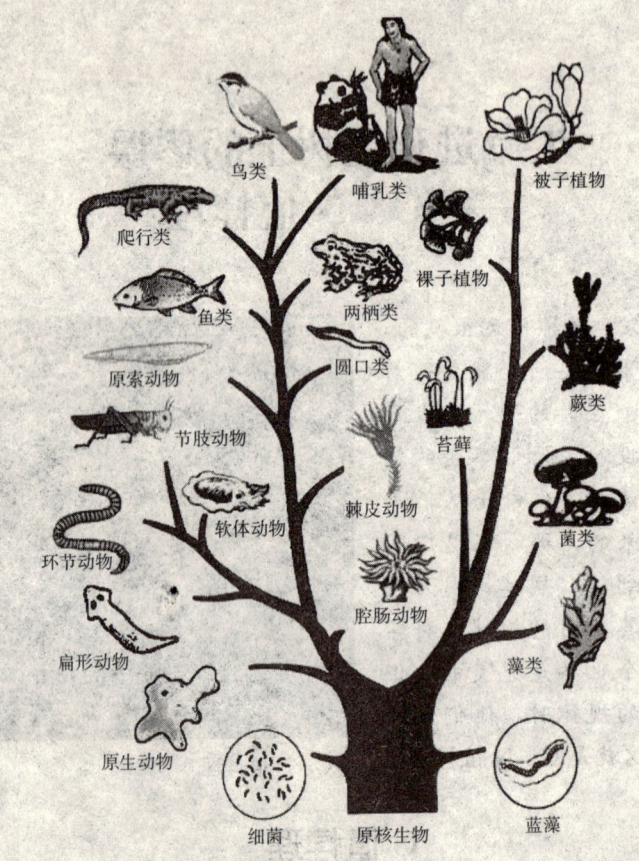

◆进化树

C值，不同物种的C值之间有很大差别。在一些低等动物当中，当进化增加了生物体的复杂性时，基因组也相应地增大。如蠕虫的C值大于霉菌、藻类、真菌、细菌和支原体。但是，这一规律并不是在什么地方都适用的，两栖类动物的基因组在动物界最大，软骨鱼、硬骨鱼甚至昆虫和软体动物的基因组都大于包括人类在内的哺乳动物的基因组。爬行类和棘皮动物的基因组大小同哺乳动物几乎相等。

许多证据表明，生物基因组的大小与生物在进化上所处地位的高低无关，这种现象称为C值（C—Value）悖理。即使是同一类动物，它们的基因组大小也有很大差别。例如，两栖类生物中最小和最大的基因组分别是10^9bp和10^{11}bp，相差100倍，又如昆虫中的家蝇基因组比果蝇基因组大6

进化的钥匙——谈谈基因

倍左右。把每一类生物中的最小基因组作比较，可以看出，每类生物的最小基因组的大小基本上对应于生物在进化上所处地位的高低；进化地位高、形态结构复杂程度高的一类生物，其最小的基因组也较大。

N 值悖理

正当生物学界因为 C 值悖理困惑的时候，许多人寄希望于人类基因组计划的完成。认为通过 DNA 序列的精细分析，一定能够确定该特种的基因数目，提供 DNA 是唯一遗传物质的权威性的证据，并拨开 C 值悖理的迷雾。谁知当关于人类基因组计划的研究报告发表后，不但 C 值悖理没有解决，反而增加了一个 N 值悖理。他们发现人类基因组只含 30000 多个基因，而只有 1000 多个体细胞的低等的线虫却含有 20000 个基因，人类的真正的遗传信息只比线虫多 1/3。更奇怪的是，比线虫高级的果蝇则只含有 14000 个基因，只等于线虫的 70%。人们很自然地联想到令人困惑的 C 值悖理，并把这种基因数目与进化程度或生物复杂性的不对应性，称之为 N 值悖理（N 所表示的是基因数目）。

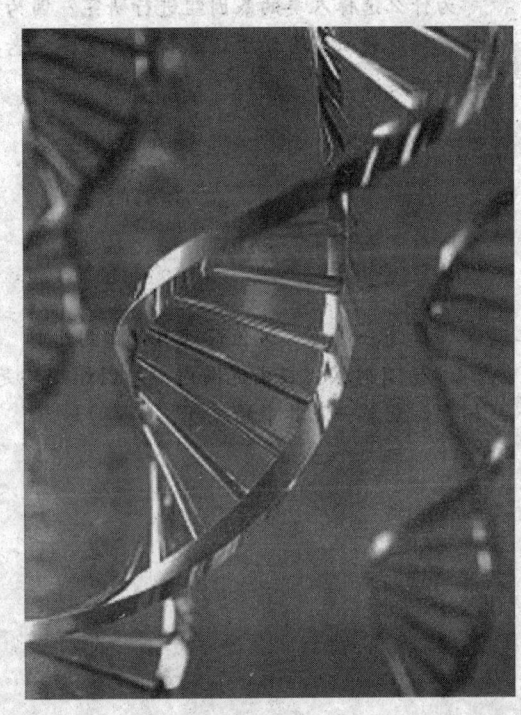

◆基因组

目前，还不能提出一个可以令人信服的说法来解释这两个悖理。这两个悖理只能说明一点，那就是决定进化程度或复杂性的遗传信息并不全部包含在 DNA 中。进化的本质要从基因中去找，但这两个悖理又让科学家不解，科学家只能根据化石证据来构建动物进化树，而不能从基因水平上来构建。但我们要相信，随着科学水平的提高，对基因认识的进一步加

40亿年的风雨历程

深，一定可以在基因水平上找到进化排序的规律。

你知道吗

为什么选择人类的基因组进行研究？因为人类是在"进化"历程上最高级的生物，对它的研究有助于认识自身、掌握生老病死规律、疾病的诊断和治疗、了解生命的起源。

1. 想一想 C、N 值悖理有什么用途？
2. 有时候，在小范围内，基因组确实是根据物种进化逐渐增高、逐渐增大，理解一下其中的机理。

动物进化

进化的钥匙——谈谈基因

DONGWU JINHUA

群体遗传效应——进化基础

动物界的物种是以群体方式出现的，任何一个个体不可能离开群体而存在。繁殖后代也一样。我们知道，只有一个群体足够大时，它的基因库才会有足够多的基因，只有基因丰富了，这个物种才会繁荣。动物遗传是以群体为单位进行的，例如北极熊虽然是单独行动的，但在繁殖季节也会寻找自己的同类。

◆北极熊

动物进化

群体遗传特征

◆斑马群是一个群体遗传单位

达尔文的自然选择理论有三个重要原则：①变异原则，即任何一个种群群体中的个体之间都存在诸如形态、生理、行为等方面的差异；②遗传原则，后代与亲本的相似性大于与其无关的个体的相似性；③选择原则，即在特定的环境下，一些类型的个体总会比另一些类型的个体有更强的生存

40亿年的风雨历程

和繁殖能力。达尔文的这三条原则转变成精确的遗传学概念就是群体遗传，生物进化实质上是群体中基因频率的演变过程，所以群体遗传又是生物进化的理论基础。

你知道吗

群体遗传的基础就是这个物种的基因库，种群在适应环境过程中，通过调整种群内各种基因的基因频率，达到适应新环境的目的。但当一个大的孟德尔群体中的个体间进行随机交配，同时没有选择、没有突变、没有迁移和遗传漂变发生，下一代基因型频率将和上一代基因型频率一样，这被称为哈迪—温伯格定律，是由英国数学家哈迪和德国医生温伯格在1908年分别独立发现的。

	A(p)	a(q)
A(p)	p^2	pq
a(q)	pq	q^2

基因型频率：
AA:p^2
Aa:2pq
aa:q^2

哈迪—温伯格定律实质上是一个随机交配下的平衡体系，所谓平衡，就是指在一个群体中，从一代到另一代，没有基因频率的变化，通常一个平衡的群体基因频率会符合一个二项式规律，例如一对等位基因 Aa，A 的基因频率是 p，B 的基因频率是 q，当群体达到平衡时的基因型频率就会符合二项式：$(p+q)^2 = p^2 (AA) + 2pq (Aa) + q^2 (aa)$。

哈迪—温伯格定律是群体遗传和进化的重要定律和理论基石之一，无论群体的真实状况如何，常染色体上的一对等位基因的基因型频率的平衡，由上面的二项式的展开式所决定。在随机交配的条件下，只要一个世代，基因型就可以达到平衡，这样的速度是很快的，在环境改变时，带有不利基因的个体迅速消失，而要重新达到各基因型的平衡，只要进行一代的随机交配就行了。

上面是在常染色体上的基因的群体遗传效应，遗传平衡定律同样也适用于性连锁基因。以 X—Y 型动物性染色体基因为例，Aa 是一对性染色体上的等位基因，A 的基因频率是 p，a 的基因频率是 q，那么雄性的基因型频率就分别为 X^A：p，X^a：q，雌性个体的基因型频率为 $X^A X^A$：p^2，

进化的钥匙——谈谈基因

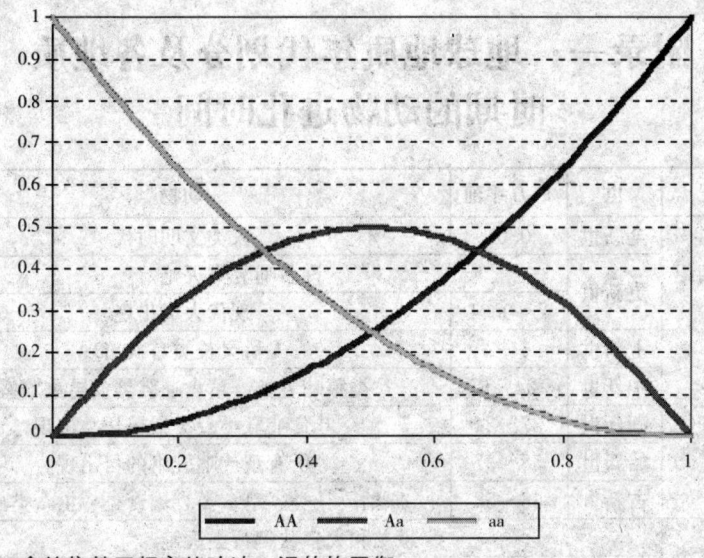

◆等位基因频率的哈迪-温伯格平衡

X^AX^a：$2pq$，X^aX^a：q^2。X染色体上的基因经过多个世代的随机交配，其振荡的方式也会接近平衡，每随机交配一次，雌雄群体中的基因频率的差值就会减少一半。

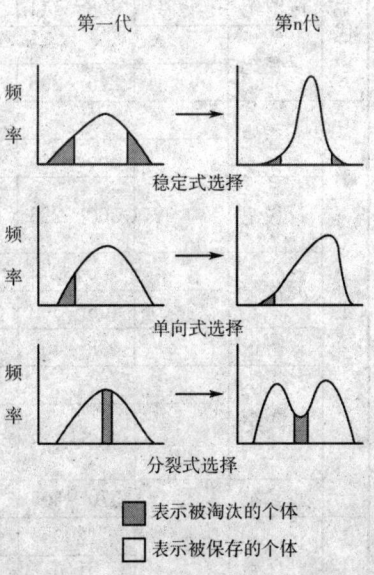

 表示被淘汰的个体
 表示被保存的个体

突变和选择可以在一个群体中同时起作用，若同向施压，则基因改变频率加快；若反向施压，最终会达到平衡。

SISHI YINIAN DE FENGYU LICHENG

40亿年的风雨历程

附录一：地球地质年代划分及各地质时期的动物进化时间

代	纪	世	百万年前	动物
新生代	第四纪	全新世	0.01	人类文明时代
		更新世		许多哺乳类灭绝
			2～0.01	现代人类出现
	第三纪	上新世	6～2	人科灵长类首次出现
		中新世	24～6	类猿哺乳类、草食哺乳类及昆虫繁盛
		渐新世	37～24	叶食哺乳类及类猴灵长类出现
		始新世	58～37	所有现代哺乳纲的目出现
		古新世	66～58	原始灵长类、草食类、肉食类、虫食类出现
中生代	白垩纪			恐龙和大多数爬行类灭绝
			144～66	胎盘哺乳类和现代昆虫类群出现
	侏罗纪		208～144	恐龙繁盛，鸟类出现
	三叠纪			大灭绝
			245～208	恐龙类首次出现，珊瑚和软体动物统治海洋
古生代	二叠纪			大灭绝
			286～245	爬行类多样化，两栖类衰退
	石炭纪		360～286	两栖类多样化，爬行类首次出现，昆虫类经历第一次大的适应辐射
	泥盆纪			大灭绝
			408～360	有颌鱼类多样化并统治海洋，昆虫、两栖类首次出现
	志留纪		438～408	有颌鱼类首次出现
	奥陶纪			大灭绝
			505～438	无脊椎动物广布和多样化，无颌鱼类及脊椎动物首次出现
	寒武纪		570～505	具有外骨骼无脊椎动物占统治地位
	前寒武纪		1200	多细胞生物出现
			2100	真核细胞首次出现
			3500～3100	原核细胞在叠层岩中首次出现
			3800	有机体出现，生命从无到有
			4600～4000	地球形成并开始冷却时期，岩石地壳形成

动物进化

进化的钥匙——谈谈基因

附录二：进化史上出现过的动物门类汇总（表）

门类	简介
原生动物门	全都是单细胞动物，是最原始的动物，其中我们熟悉的有眼虫、草履虫
菱形虫门	结构简单的内寄生动物，有记录的种类不多
直泳虫门	与菱形虫类似的动物
多孔动物门	又称海绵动物门。海绵是原始的多细胞动物
扁盘动物门	到目前为止，此门被丝盘虫一种动物独占，不得不服
古杯动物门	顾名思义，"古"意思是此类动物已灭绝了，"杯"就是说它们长得像杯子
腔肠动物门	这里有水螅、水母、海葵和珊瑚，很熟悉吧，不多说了
栉水母动物门	也有人把这个门归入腔肠动物门，作为栉水母纲
扁形动物门	有涡虫、吸虫、绦虫等我们常听说的寄生虫
螠虫动物门	海洋底栖动物，身体呈柱形或长囊形
舌形动物门	全都是"吸血不眨眼"的寄生虫，分类地位尚难确定
微颚动物门	在1994年新发现的一类动物，人类对它们所知甚少
纽形动物门	比扁形动物略高等的类似动物
颚胃动物门	体形很小，生活在浅海的细沙中，人们了解得不多
线虫动物门	一个庞大的家族，包含有很多人肚子里长过的——蛔虫
腹毛动物门	身体腹面长有纤毛的一类动物
轮虫动物门	很小，与原生动物类似
线形动物门	与线虫动物类似的一类动物
鳃曳动物门	生活在靠近两极的冷水中的海洋底栖动物，有记载的种类极少
动吻动物门	和曳鳃动物类似

动物进化

SISHI YINIAN DE
FENGYU LICHENG

40亿年的风雨历程

动物进化

门类	简介
棘头虫动物门	身体前端有吻的一类动物
铠甲动物门	1983年才发现的一个新门，目前没有准确分类
内肛动物门	苔藓状的小动物
环节动物门	蚯蚓、蚂蟥、沙蚕……都是身体呈环节状，这还用说？
环口动物门	最近新发现的一类动物
星虫动物门	与前面说的螠虫动物相似
软体动物门	包含有大量常见动物
软舌螺动物门	已灭绝
叶足动物门	寒武纪的奇虾等
缓步动物门	很强的一类动物，能忍受高温、绝对零度、高辐射真空和高压
有爪动物门	身体呈蠕虫状，足呈圆柱形，末端有爪，近乎灭绝
节肢动物门	动物界中种类占三分之二以上的动物
腕足动物门	有时你会在街头地摊上看见一些像贝壳的化石，就是这类动物留下的
外肛动物门	曾经与内肛动物为同一门合称苔藓动物，现已分开
帚虫动物门	又一个很小的门，又是只有十几种动物，又都是海洋底栖动物
古虫动物门	在5.3亿年前的生命大爆发中早就灭绝了，在近几年才发现
棘皮动物门	一个我们熟悉的门，有海星、海胆、海参和海百合
须腕动物门	没有嘴和消化管的非寄生动物，生活在深海中，分类地位有争议
异涡动物门	仅2种，在波罗的海附近分布，曾先后被认为是扁形动物和软体动物
毛颚动物门	只有50种左右，还是海洋动物
半索动物门	身体呈蠕虫形，有人将它们归入脊索动物门
脊索动物门	所有的脊椎动物